管道協作機制研究：
基於博弈論的研究方法

丁 川 著

財經錢線

前　言

　　在激烈的市場競爭過程中，企業都想建立自己的核心競爭優勢，然而技術與產品的差異正變得越來越小，並且大量行銷實踐表明僅僅具備技術、產品、價格上的優勢是遠遠不夠的。產品能否成功銷售在一定程度上依賴於高效率的協作分銷渠道，渠道協作優勢也就成為不容易複製的核心競爭優勢。

　　但我們也應該看到，面對市場經營從粗放型向集約型轉變的新環境，企業渠道的成本、控制、效率和效益之間的矛盾越來越不易協調。因此，面對環境的變化，企業必須對渠道形式進行變革以適應競爭和消費者的需求。渠道的變革必然會伴隨渠道衝突的產生，因此，如何解決好渠道中的衝突，讓渠道成員走向協作，是企業必須正視的重要問題，也是本書的研究背景。

　　事實上，製造商、中間商、消費者等共同構成了渠道系統，形成了一個鬆散的利益共同體。同時，渠道成員也存在著各自

不同的自身利益，在渠道整體利潤最大化和個體利潤最大化的選擇過程中，必然產生渠道衝突。這種衝突對產品的價格、利潤和品牌造成嚴重影響。如何對渠道衝突進行有效的預防和管理，促使渠道穩定和高效率地運行是生產商行銷管理的一項重要任務，更是行銷管理中的熱點問題。

本書以定性和定量相結合的方式研究渠道系統協作問題，探討渠道內部衝突的機理，利用博弈論研究如何設計機制來減少渠道內部的衝突和不和諧，盡可能實現渠道成員（包括製造商、批發商、零售商或代理商、顧客等）的協作。

本書採用規範的理論分析和定量研究相結合的研究方法，側重於渠道協作的微觀層面。在理論模型上，主要採用的方法是博弈論（本書涉及信息經濟學的分析方法，信息經濟學仍然是博弈論的一個應用，因此本書將這兩方面的知識統稱為博弈論方法）。在設計本書的整體框架時，本書採用系統分析方法，保證邏輯的嚴密性、內容的整體性，全書主題是渠道協作。

本書的基本內容如下：

第一章是問題的提出和文獻綜述。

第二章主要根據六種常見的渠道結構，建立博弈模型，研究六種渠道結構、對應的渠道行為（渠道決策）以及與渠道協作的關係，希望從定性和定量兩個方面探討渠道系統為什麼要協作，重點利用博弈模型研究渠道結構、渠道行為與渠道協作三者之間的關係。

第三章認為渠道協作的前提是選擇具有協作精神的渠道成員，「高素質」的渠道成員（包括製造商和零售商）是實現親密協作的基礎。在此基礎上，本章建立不對稱信息博弈模型，研究選擇渠道成員的雙向逆向選擇問題，對造成逆向選擇的原因進行分析；建立信息甄別模型，使具有「高素質」的、具有協

作精神的渠道成員成為協作夥伴，而不與「低素質」的、不具有協作精神的渠道成員進行協作。

第四章在已經選擇了渠道成員的前提下，希望探索一些渠道協作機制。考慮到產品「聲譽」的累積是一個動態過程，因此本章利用微分博弈方法，研究實現協作的條件，並用該結論指導行銷渠道實踐。

第五章基於動態的研究方法，結合顧客滿意探討研究了顧客滿意的渠道協作。如何讓顧客滿意？這需要考慮第三個博弈方——顧客。當考慮渠道三方博弈時，無論是協作機制還是激勵機制可能都具有一定的分析難度，這章我們只想做一個初步探討。我們認為要充分考慮顧客的特點和顧客的需求來開展一切行銷活動，根據消費者的特點和消費者的需求來制定渠道成員的策略。

第六章主要探討了信息不對稱條件下的渠道協作激勵機制研究。由於渠道中更多表現為不完全信息問題，處於信息弱勢的一方需要設計合理的激勵機制來激勵具有信息優勢的一方努力行銷產品或進行品牌建設。因此需要介紹委託—代理的基本模型，道德風險問題出現的原因及其解決方法，以及對它們的擴展模型：分析渠道多委託人—代理模型和分銷渠道委託—多代理人模型進行研究。

前面的研究都是基於一個基本假設——完全理性，而第七章研究的是如何在有限理性下實現渠道協作。本章採用進化博弈理論方法建模分析，指出渠道成員的「協作」精神對實現有限理性的協作十分重要，同時在邏輯上也回到第三章，與之形成一個整體。

本書的內容來自於我的博士論文，參考了相關書籍和眾多的學術論文，一些地方可能存在不足，在此，向所有作者表示

歉意。同時，在寫作過程中，我得到了領導、同事和朋友的鼎力幫助和支持，在此一併向各位表示最衷心的感謝！由於作者水準有限，書中存在不足之處在所難免，敬請各位讀者批評指正。

丁川

目　錄

1. 緒論　1

1.1　問題的提出　2
1.2　國內外研究現狀　5
　1.2.1　國外研究現狀　5
　1.2.2　國內研究現狀　26
　1.2.3　國內外研究文獻概述　30
1.3　研究的主要內容與思路　31
　1.3.1　研究的主要內容　31
　1.3.2　研究的基本思路　37
1.4　相關理論方法評述　38

2. 渠道、渠道協作與渠道協作機制　41

2.1　行銷渠道與渠道結構　43
　2.1.1　行銷渠道的定義　43

2.1.2　六種渠道結構及其擴展型　45
2.2　渠道協作的內涵和動因　47
　　2.2.1　協作的內涵　47
　　2.2.2　渠道協作的內涵及其渠道協作的動因　48
　　2.2.3　渠道協作動因的博弈分析　49
2.3　渠道協作機制比較分析　57
　　2.3.1　整合機制　57
　　2.3.2　吉蘭德和舒甘的數量折扣機制　59
　　2.3.3　兩部分費用（Two-part Tariffs）機制　60
　　2.3.4　幾種機制比較分析　61
2.4　協作帶來的好處——布洛克巴斯特公司 DVD 租賃營運模式的變革　62
2.5　小結　64

3. 渠道成員的選擇和甄別　67

3.1　引言　68
3.2　逆向選擇和信息甄別原理簡介　69
　　3.2.1　逆向選擇理論(阿克洛克，1970；斯賓塞，1973)　69
　　3.2.2　信息甄別機制原理（斯蒂格利茨和羅斯查爾德，1976）　70
3.3　零售商逆向選擇與雙邊逆向選擇問題　71
3.4　渠道選擇的信息甄別問題　72
　　3.4.1　渠道成員選擇的單邊甄別問題　72
　　3.4.2　渠道成員選擇的雙邊甄別問題　80
3.5　基於協作和非協作類型渠道成員選擇的信息甄別問題　81

  3.5.1 具有甄別和監督機制的模型分析（閆文彬，2001） 82

  3.5.2 比較結果分析 88

 3.6 小結 91

4. 不同類型行銷努力下的渠道微分協作動態機制 97

 4.1 基於零售商一種行銷努力下的渠道動態微分模型 98

  4.1.1 符號、概念與基本假設 99

  4.1.2 行銷渠道多期動態博弈協作模型 100

  4.1.3 製造商與零售商的行銷渠道多期動態非協作博弈分析 103

  4.1.4 四種博弈模型結果的比較分析 108

 4.2 渠道協作的實現 111

 4.3 基於兩種行銷努力下的渠道動態微分模型 119

  4.3.1 問題的提出 119

  4.3.2 符號、概念與基本假設 120

  4.3.3 渠道動態博弈的激勵微分博弈模型 122

  4.3.4 結果比較分析與實踐意義 126

  4.3.5 結語 130

 4.4 簡評 132

5. 基於顧客滿意的行銷努力激勵的渠道協作問題 137

 5.1 顧客滿意在渠道決策中的重要性 138

 5.2 基於顧客滿意的渠道動態決策分析 139

  5.2.1 符號與基本假設 141

5.2.2 基於顧客滿意的行銷努力渠道（CCS）動態決策分析 143

5.2.3 基於顧客滿意的渠道激勵（CICS）動態決策分析 145

5.2.4 兩時期渠道決策的整合問題（CI） 147

5.2.5 幾種模型的結果比較分析 148

5.3 結語 151

5.4 案例：某洗衣機製造商的基於顧客滿意的激勵 152

6. 信息不對稱條件下的渠道協作激勵問題 157

6.1 渠道激勵的必要性 158

    6.1.1 激勵的內涵 158

    6.1.2 建立行銷渠道激勵協作機制的必要性 159

6.2 渠道激勵協作的委託代理理論模型 161

    6.2.1 渠道委託—代理基本模型 162

    6.2.2 信息不對稱下的渠道最優激勵模型 164

6.3 多個製造商和一個零售商的渠道激勵協作的激勵分析 174

    6.3.1 問題描述與模型 174

    6.3.2 製造商最優決策的求解與分析 178

    6.3.3 算例 180

6.4 一個製造商和多個零售商的渠道協作問題 182

    6.4.1 模型的建立與求解 182

    6.4.2 零售商可能共謀的情況 187

6.5 總評與展望 190

7. 渠道協作的進化博弈模型與協作型渠道成員 193

7.1 進化博弈論的發展與理論介紹 194
 7.1.1 進化博弈理論的產生及其發展 194
 7.1.2 進化博弈論的基本內容 196
 7.1.3 進化博弈論分析的基本思路與基本概念
   （謝識予，2007；泰勒，2001） 197
7.2 渠道競爭與協作的進化博弈模型（王開弘和丁川，2010） 200
 7.2.1 一般模型的得益矩陣 200
 7.2.2 一般模型的進化博弈分析與實踐意義 203
7.3 具體需求函數下的渠道進化分析 211
 7.3.1 博弈模型的建立與分析 211
 7.3.2 需求函數 $q = a - b(G+g) + \lambda e$ 下渠道決策的進化
   博弈分析 215
 7.3.3 再論選擇協作型的渠道成員協作與渠道協作 216

8. 結論與研究展望 221

8.1 **本書的主要結論** 222
8.2 **本書的主要創新之處** 225
8.3 **本書的研究局限** 226
8.4 **未來的研究展望** 227

參考文獻 229

後 記 241

1
緒　論

1.1　問題的提出

　　渠道作為「4P」理論的一個重要組成部分，正表現出越來越重要的作用。不論處在哪個行業，哪個地理區域，或面對哪一類市場，也無論是工業品或是消費品，產品通常都要經過由製造商、中間商（如批發商、零售商或代理商等）到顧客的流動過程，從而實現商品價值。同時，渠道也降低了生產者和消費者之間的信息不對稱性。在激烈的市場競爭過程中，企業都想建立自己的核心競爭優勢，然而技術與產品的差異正在變得越來越小，並且大量行銷實踐表明僅僅在技術、產品、價格上取得優勢是遠遠不夠的。產品能否成功銷售在一定程度上依賴於高效率的協作分銷渠道，渠道協作優勢也就成為不容易複製的核心競爭優勢，這便需要企業想方設法提高與其他渠道成員的協作水準（莊貴軍，2007）。沃爾瑪、家樂福、聯想、蒙牛都依靠渠道協作優勢在競爭日益激烈的市場中雄霸一方。

　　但我們也應該看到，一些企業沿用的仍是傳統的渠道模式和管理方式，企業的渠道成員的需求、渠道成員之間的協作常常被忽略。面對市場經營從粗放型向集約型轉變的新環境，傳統渠道模式在效率、可控性等方面的劣勢日益突出；企業渠道的控制、效率和效益之間的矛盾越來越不易協調。因此，對於環境的變化，企業必須對渠道形式進行變革以適應競爭和消費者的需求。而渠道的變革必然會伴隨渠道不和諧的產生，因此，如何解決好渠道中的不和諧，讓渠道成員走向協作，是企業必須正視的重要問題，也是選題的背景。本書不討論不和諧的原理，主要將研究重點放在三個方面：渠道成員為什麼要協作？

協作帶來什麼好處？如何盡可能地實現協作？

　　事實上，製造商、中間商、消費者等共同構成了渠道系統，形成了一個鬆散的利益共同體，同時也存在著各自不同的自身利益，渠道成員在渠道整體利潤最大化和個體利潤最大化的選擇上容易導致渠道不和諧。這種不和諧對產品的價格、利潤和品牌造成嚴重影響。例如，由於市場競爭的加劇，渠道中的製造商在與零售商的協作中，希望得到較高的批發價格，不希望得到過多的進場費、假日促銷費等；而零售商則恰恰相反，他們不希望得到較高的批發價格，希望得到過多的進場費、假日促銷費等。這最終導致製造商和零售商之間的縱向不和諧，使得整個渠道系統不和諧，進而使整個渠道成員都會陷入「囚徒困境」。渠道不和諧的嚴重後果是使市場價格體系混亂，中間利潤喪失，最終有可能導致產品退出市場。由此，渠道不和諧、不協作，直接威脅分銷渠道系統的維持與正常運轉。因此，在分銷渠道建立之後，如何對渠道不和諧進行有效地預防和管理，促使渠道穩定和高效率地運行是製造商行銷管理的一項重要任務，更是行銷管理中的熱點問題。

　　渠道不和諧的原因、過程及其解決過程都較為複雜，包含的理論與實踐問題也比較多。例如，一方面製造商提供產品給零售商銷售，零售商通過自己的銷售努力（包括廣告、顧客培訓、產品說明以及其他銷售服務）來影響產品的銷售量，不同程度的銷售努力對銷售量產生不同的影響。通常高程度的努力會帶來高銷售量，但零售商需付出更多成本。另外，銷售量還受到隨機因素（稱為自然狀態 θ）的影響。製造商不容易觀測到零售商的行動，而只能觀察到最後的銷售量。因此，零售商和製造商之間存在信息不對稱。根據信息與激勵經濟學的觀點，信息不對稱將導致逆向選擇（Adverse select）以及道德風險（Moral hazard）問題，從而使市場缺乏效率。

另一方面，近年來，隨著一些大的零售商或者大賣場的逐漸擴張和壯大，由製造商主導整個渠道系統的時代已經轉變成由零售商和顧客主導的時代，話語權已經轉向了渠道系統的下游渠道成員。那麼以前的製造商靠強制力、法律力等力量來管理整個渠道系統的管理方式也相應改變，轉向更加溫和的管理方式。製造商要充分瞭解渠道成員的需求，給予渠道成員適當的激勵和適當的約束，以減少渠道系統成員之間的不和諧，實現渠道系統協作，才能盡量實現整個渠道系統利益的最大化。

因此無論在理論上還是現實中，為了緩解渠道系統不和諧，讓整個系統更加「和諧」，必要的激勵和約束機制是必不可少的。科特勒（1998）、羅森布魯姆（2006）等著名行銷學領域專家都已經認識到渠道系統內激勵約束機制的重要性，但他們也只是用少量的篇幅探討了對渠道成員的激勵，並且這些內容也只涉及定性描述和實務操作。

因此，作者非常關心有沒有一類核心問題值得關注？應該說，這個問題及答案並不是一開始就非常清晰地存在，而是在渠道管理發展和研究水準達到一定程度後才被人們認識和提出的，博弈論、管理學中的激勵理論和經濟學中的激勵機制設計對渠道瓶頸問題的解決，對渠道管理效果的提高，都具有非同一般的意義。正是在對上述問題的思索過程中開啟了作者的研究工作。所幸的是，通過對渠道管理研究文獻的大量閱讀和梳理，作者找到了一個核心問題，並由此形成了本書的主要論點——渠道協作。

作者想從定性和定量相結合的方式研究渠道系統協作問題，探討渠道內部不和諧的機理，利用博弈論（信息經濟學的分析方法實際上也是博弈論的分析方法，一些學者將兩者分開，一些學者統稱為博弈論，而本書統稱為博弈論）研究如何設計機制來減少渠道內部的不和諧，盡可能實現渠道成員（包括製造

商、批發商、零售商或代理商、顧客等）的協作。

由於渠道成員較多，在選取渠道成員時，我們主要考慮製造商和零售商（個別章節涉及顧客），這個假設來自於渠道研究專家舒甘（1983，1986），穆爾士（1987，1997），斯特林（1983）等的研究假設。他們在研究渠道協作時，主要研究製造商、零售商之間的協作。因此，本書主要研究製造商和零售商之間為什麼要協作，協作能帶來什麼好處，以及如何盡可能實現協作。

1.2　國內外研究現狀

1.2.1　國外研究現狀

渠道的產生和發展是市場經濟和市場行銷觀念長期發展和演進的產物。國外關於分銷渠道的論述最早見於1972年美國學者斯特恩和安薩里（1992）對渠道進行的系統論述。行銷渠道由不同的渠道成員組成，每個渠道成員都有自己的追求目標，渠道衝突總是不可避免的，如何協調渠道，如何讓渠道成員協作顯得十分重要。西方理論界普遍接受這樣一個觀點：渠道協作根源於渠道成員之間的相互依賴性，而相互依賴性則是渠道成員功能專業化的結果。如斯特恩和安薩里（1992）認為：（渠道）成員被推入彼此依賴的關係中，因為他們需要資源——資金和專業化技巧，進入某一特定市場的能力，以及與此相似的其他要素。為了完成渠道的任務，渠道成員在功能上的相互依賴性要求他們進行最低限度的協作；否則，渠道便不可能存在。

對於渠道衝突協調的研究，1978年馬倫第一次對協作、控制和衝突在渠道關係中的作用以及三者間的相互關係做了較為

完整的描述，並提出了相應的模型。該模型對一個公司的某個部門內部的層級關係、公司內部部門之間關係以及公司之間關係分別做了研究。對這一系列關係的研究結果表明：①協作、控制和衝突不僅存在於個人之間，還存在於公司部門之間與公司之間；②成為渠道系統的一部分對公司具有吸引力；③渠道系統中的成員應當從渠道系統的整體目標出發來制定自己的個體目標，渠道系統的目標是在顧客滿意的基礎上獲得滿意的利潤。馬倫（1978）的模型強調了協作行為對渠道系統運轉和達成渠道系統整體目標的重要性。協作被視為渠道系統中普遍的現象是因為「協調和共同的利益」通常是渠道系統成員關係的特徵。因此渠道系統的目標實質上就是推進渠道成員間協作程度和提高協作的效率。要達成此目標，需要渠道主導提高渠道成員的協作意願及妥善解決渠道中發生的衝突，而這主要取決於渠道主導是如何運用其所擁有的權力優勢對渠道中成員進行影響和控制的。渠道主導的控制效果直接影響渠道的整體績效和渠道成員的滿意程度。馬倫（1978）的模型為渠道系統中的協作、控制和衝突關係提供了非常有用的分析框架。它為市場經營者指明了加入到渠道系統中的重要性以及進行協作的意義。該模型的不足之處是沒有對受不同變量影響的渠道成員間關係的性質做進一步的區別分析，以及忽略了相關因素對渠道成員行為的影響。

同時，發展渠道成員間密切夥伴關係（又稱戰略夥伴關係）的觀點開始出現，即渠道內各成員之間應發展和保持密切的、固定的協作關係，使傳統渠道關係由「你」和「我」的關係變為「我們」的關係。戰略夥伴關係需要各成員間的溝通、協作、信任和協議。通過建立戰略夥伴關係可以對有限資源進行合理配置，降低渠道總成本，提高渠道的經營績效，使分散的渠道成員形成一個整合體系，使渠道成員為實現自己或大家的目標

共同努力，追求雙贏（或多贏）。另外，戰略夥伴關係在渠道運行中的具體體現又稱「無縫渠道」。但是戰略夥伴關係的形成，需要一些特定的條件：①渠道成員充分認識並承認相互之間的依賴關係；②有一個共同的努力目標；③渠道成員之間相互信任與溝通；④每個渠道成員都清楚地知道自己在渠道中的作用與功能，共享的權利和責任。只有同時具備上述四方面的條件，戰略夥伴關係才能得以維持與發展。

這些研究說明了渠道協作的重要性，但也表明了實現渠道協作的困難。儘管如此，理論者和實踐者一直在探索如何實現協作。一個重要的研究方法就是利用博弈論探討協作。沿著這一研究路線，國外關於行銷渠道協作決策的研究主要關注兩個方面：一是製造商應該選擇什麼樣的渠道分銷自己的產品；二是製造商是否應該垂直整合（Vertical Integration），或者對他的分銷渠道分權管理，製造商是否應該對渠道成員提供適當的激勵機制來提高渠道成員的協作水準。關於第一個方面，主要是以穆爾士為代表的行銷專家對五種渠道結構進行比較分析（如圖1.1所示）。第二個方面主要是指渠道協作問題，也是本書的重點。

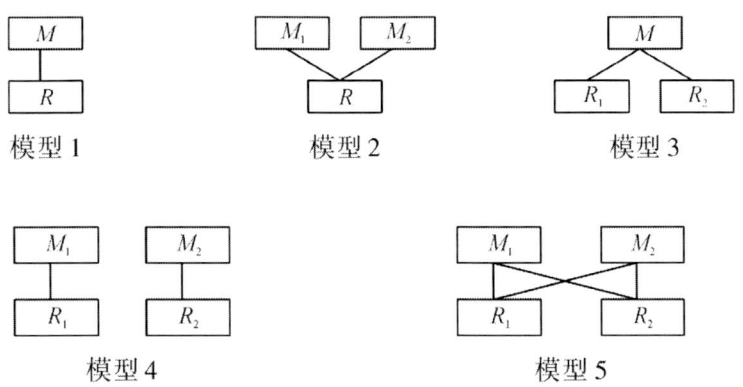

圖1.1 五種管道結構模型

關於渠道協作管理問題，已經有很長的研究歷史，最早可

以追溯到 20 世紀 50 年代到 80 年代初期，例如：霍斯金（1950），溫迪（1952），考克斯（1956），伯格倫德和羅蘭（1959），施塔施（1964），巴萊和里夏茨等（1967），巴克林（1966，1970），洛根（1969），馬特森（1969），巴西簡（1969），里夏茨（1970），湯姆森（1971），懷特（1971），威廉姆森（1971），艾加（1974），道格拉斯（1975），安薩里（1977），麥圭爾和艾加（1978），斯特林（1979），斯特恩和雷韋（1980），祖斯曼和艾加（1981）。他們在研究渠道成員之間的協作時，常常將製造商和零售商看成兩個寡頭。伯格倫德和羅蘭（1959），巴萊和里夏茨（1967）認為渠道內部應該通過整合來實現渠道協作。艾加（1978）認為製造商應該傾向整合讓多個分銷商提高分銷水準，而不是獨立的銷售。道格拉斯（1975）對這種分析方法進行了分析推廣。巴西簡（1969）研究了製造商和零售商的關係，他分析了製造商作為一個壟斷者如何通過它的特許專用分銷商銷售產品，他還探索了一個製造商的最優零售商個數的選擇。懷特（1971）認為巴西簡的結果有較小的實證相關性，同時又提出了一個行業的可選擇模型解釋了為什麼製造商在一個確定的區域會限制零售商的個數。巴萊和里夏茨（1967，1970）假設一個行銷系統有 L 個層級，在這個系統中考慮兩類資源的約束，一類資源是內部資源，另一類資源是外部資源。內部資源包括工作用的資本、生產設施的能力；外部資源包括土地、勞動，它應用博弈理論的分析範式給出了行銷系統的最優層級數和納什均衡解。斯特恩和雷韋（1980）假設渠道成員的行為受經濟和社會政治（Sociopolitical）的影響，他們利用非數學化的模型給出了幾個命題，這些命題預測了不同內部經濟和社會政治條件下渠道成員的主要交換方法。祖斯曼和艾加（1981）應用納什討價還價理論和合約理論建立了在製造商、批發商和零售商之間的最優轉移價格，並且

認為中間商與顧客接觸具有信息優勢，因此行銷渠道應是信息交流網絡。這些研究路徑和方法主要體現在以下幾個方面：一是通過整合來實現渠道協作；二是特殊渠道結構的均衡條件；三是渠道成員的關係；四是不同行業渠道行為的影響；五是應用博弈理論範式確定渠道戰略。

比較系統的研究集中於20世紀80年代，吉蘭德和舒甘（1983）研究了由一個製造商和一個零售商構成的渠道協作問題，提出了九個非常重要的問題：①渠道協作的後果是什麼？②是什麼引起渠道缺乏協作？③實現渠道協作到底有多難？④什麼樣的機制能實現協作？⑤這些機制的優點和缺點是什麼？⑥在渠道協作中非價格變量（例如製造商的廣告、零售商的貨架分攤）的角色是什麼？⑦缺乏協調是否會影響渠道實踐？⑧數量折扣能成為渠道協作機制嗎？⑨一些行銷實踐能掩蓋數量折扣嗎？這些問題仍然是渠道協作的重點研究課題。吉蘭德和舒甘（1983）通過模型分析認為渠道成員的協作不是渠道成員的本能行為，除非協作適當地激勵他們。他們認為垂直整合能使渠道利潤最大化，但這不是唯一的方式，還可以通過契約、隱性理解、利潤分享和數量折扣來實現協作。由於他們分析了單個製造商和單個零售商的渠道關係，因此認為協作比不協作總是有利的。於是，他們提出了四種協作機制：合約、共同所有權、隱性理解和數量折扣。他們認為渠道利潤分享是很好的協作機制，通過數量折扣可以實施，但仍然遇到一個難題：通過渠道協作獲得的利潤在渠道成員間如何分配？應用模型定量分析得到九個結論：①沒有協作時行銷努力比最優狀態時的努力小，邊際利潤較大（這裡的邊際利潤是決策變量）；②渠道協作很困難，但會存在一些機制能實現協作，諸如整合、合約等；③共同所有權和固定價格合約是不充分的協作機制；④數量折扣機制是最優的渠道協作機制；⑤數量折扣機制可以看作其他

渠道現象（如協作廣告、服務水準）的一種形式；⑥數量折扣是利潤分享的一種方法；⑦渠道協作問題能夠從利潤分享中分離出來，儘管他們是相關決策；⑧渠道協作時，製造商和零售商的邊際利潤很低；⑨渠道協作一旦實現將導致較低的邊際利潤、較高的行銷努力、較低的零售價格和較大的渠道總利潤。我們認為其分析方法和結論很重要，遺憾的是吉蘭德和舒甘（1983）的研究對象只是一個製造商和一個零售商，如果考慮到多個製造商和多個零售商又如何？特別是考慮到製造商的產品具有替代性，零售商有競爭性，其結果又如何？這些問題還值得進一步研究。穆圭爾（1987）對吉蘭德和舒甘的數量折扣機制產生質疑，認為：①數量折扣機制不是渠道協作的必要條件；②在吉蘭德和舒甘的模型條件下兩部分費用機制是最好的；③兩部分費用機制零售商是願意接受的；④吉蘭德和舒甘的數量折扣機制比兩部分費用機制有更多的問題；⑤價格歧視與數量折扣機制都能解釋渠道協作問題，但數量折扣機制的解釋力比價格歧視的解釋力要弱。針對穆圭爾的質疑，吉蘭德和舒甘（1988）做出了回應：首先，他們認為雖然兩部分費用機制能激勵零售商最大化渠道利潤，但三部分費用機制也能激勵渠道成員最大化渠道利潤；其次，兩部分費用機制的確比三部分費用機制的轉移功能小，但在簡單的兩部分費用機制下，渠道成員的協作條件是不充分的；再次，伊夫林和伍德合約不僅僅是個兩部分費用機制，在他的合約中，發起人扮演各種特權，特許費用僅僅是合約中的一個部分，轉移費用（批發價格）大於特許商的邊際成本；最後，兩部分費用能產生價格歧視（歐一，1971）。

考夫蘭（1985）研究了產品差異化寡頭市場的垂直整合問題，當公司選擇產品價格和市場渠道結構形式最大化利潤時，垂直整合比渠道成員獨立經營更具有價格競爭優勢，同時他認

为在替代品较强的市场上制造商垂直整合并不一定能够最大化渠道利润。由于应用中间商即使在没有成本优势的时候，也能最大化利润，因此，他认为渠道成员越多，价格变化对需求量的影响就越小，当渠道中有中间商的时候，由于产品具有替代性，共谋价格和均衡价格比纳什均衡价高，产品的需求受其他产品价格的影响，当产品具有较高的替代性时，使用中间商会最大化利润，并对半导体行业进行实证研究。考夫兰（1985）的研究结果的不足之处在于没有考虑中间商的交易成本、特殊利益、渠道中间商服务水准的提高、规模经济和范围经济。舒甘（1983）认为显性合约能够实现渠道成员之间的协作，隐性合约作为部分显性合约的替代同样能实现这些功能。他建立模型分析认为：①学习导致隐性影响其他渠道成员之间的行为；②隐性理解要求有实验的形式或历史性的观察；③学习会造成价格波动；④当一个渠道成员学习其他成员的行为时，所有渠道成员的利润比都不学习时渠道成员的利润要高，但又比渠道成员都学习时要低；⑤隐性理解能获得更高的渠道利润；⑥隐性理解不能完全替代显性合约；⑦隐性理解的零售价格比显性合约的零售价格要高，但比没有隐性理解时的隐形价格要低；⑧隐性理解的建立要求渠道成员彼此学习渠道行为。其整个学习过程如图 1.2 所示。

　　舒甘（1983）证明了学习的形式和一般需求函数是一致的，最后还举例说明了同样的学习速度下渠道成员彼此的行为和不同的学习速度下渠道成员彼此的渠道行为影响。吉兰德和舒甘（1988）对渠道管理问题的研究进行了评论，并回顾了他们 1983 年的研究成果，他们始终认为渠道成员会从协作中受益。

　　拉尔（1990）研究了另一种渠道合约安排形式——特许销售。拉尔（1990）用特许安排来提高渠道成员的协作程度，研究了特许经营的两个基本问题——特权结构和控制技术。他建

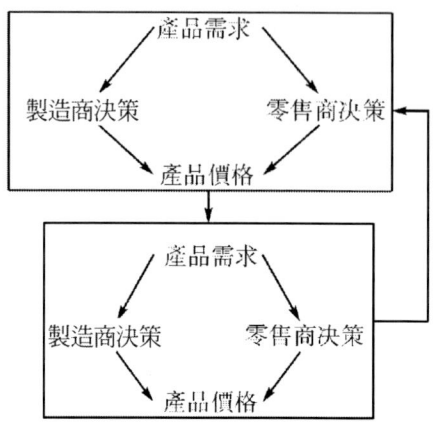

圖 1.2　管道學習過程

資料來源：SHUGAN S. Implicit understandings in channel of distribution [J]. Management science, 1985, 31 (4)：435-460. （作者有改編）

立了一個簡單數學模型來分析一個製造商通過一個零售商銷售產品，產品的零售價格和零售商的努力影響需求函數，在這種情況下為了實現協作，特權結構和控制技術是不需要的。之後拉爾進一步擴展模型，允許特權安排中出現「搭便車」，這時研究表明，雖然控制能影響特許行為，但特權安排對實現特許商和被特許商之間的協作不是必要條件。進一步說，影響零售的因素被特許商控制時，應用這個特許系統，被特許商也對渠道行為感興趣時，特許商的特權收益對它具有一定的激勵。布里克利、大克（1987）和諾頓（1988）利用委託—代理理論分析了特許渠道問題，這與拉爾的結果一致。拉方丹（1988）認為特許關係發生的可能性與控制的成本和特許商的投資重要性相關，這可看作對拉爾（1990）的結果的支撐。

蓋坦和詹姆士（1995）研究了製造商採用「拉戰略」促進渠道協作。他們認為在獨立的分銷渠道中採用「拉」的價格促銷戰略是一種渠道協作機制。製造商和零售商採用高價格的非協作決策導致對行銷市場的擴張努力的減少，從而導致失去整

个渠道。當製造商針對價格敏感的消費者設計「拉」的價格折扣，能夠加大渠道協作。同時，加大價格協作能提高整個渠道的利潤，也能提高消費者剩餘。其結果見表1.1。

表1.1　　　　拉、推戰略，渠道利潤和福利

	協作破裂	純粹的拉	有目標的拉	拉/推
製造商利潤	低	一般水準	高	非常高
零售商利潤	零	低	非常低	非常低
渠道利潤	低	一般水準	高	非常高
消費者剩餘	零	一般水準	高	一般水準
社會福利	低	一般水準	高	高

資料來源：GERSTNER E, HESS J. Pull Promotion and Channel Structure Coordination [J]. Marketing Science, 1995, 14 (1)：43-59.

從上面這些研究我們可以看到，在處理一個製造商和多個零售商之間的關係時，研究者都是平等看待零售商的地位。在現實中，我們應該看到零售商的支配能力越來越強，並且在多個零售商之間，個別零售商可能會處於支配地位，而另一些零售商可能處於從屬地位。拉朱和約翰（2005）就對這種渠道結構進行了研究。研究表明利用數量折扣或兩部分費用機制時製造商是受益的，價格機制允許製造商改變不同的價格，從兩種不同類型的零售商榨取盈餘，儘管雙方都是「公平的」。但是數量折扣和兩部分費用機制作為協作機制，從製造商的角度來看是不等效的，因此製造商必須正確地選擇他的渠道協作機制。他們還研究了渠道協作中「直接費用（Street Money）」[①]角色，

---

① Street Money 是製造商為了零售商銷售他的產品，提供給零售商的一次性現金費用，為了激勵他們的服務，主要提供給行銷中的主要參與者（溫斯坦等，1990）。在以前的文獻中，已研究過「直接費用」——特殊的位置費用，主要為了獲得貨架位置和方便操作（楚，1992；沙夫，1991）。

在渠道協作中,「直接費用」角色可以使製造商付出最小的激勵來約束零售商實現渠道協作。

上面的研究主要是針對一個製造商和一個中間商的渠道、一個製造商和多個中間商的渠道,沒有涉及多個製造商和一個零售商的渠道,更沒有涉及多個製造商和多個中間商的渠道結構形式。麥圭爾和斯特林(1983,1986)對這種渠道的競爭與協作系統進行了研究。麥圭爾和斯特林(1983,1986)的研究重點在垂直整合的行業均衡分析。他們的研究假設是兩個製造商生產具有替代性的產品,每個製造商通過他們的專用零售商銷售他們的產品,專用零售商可以是特許零售商、可以是公司自己的零售店(即是整合,簡稱公司店),並分析了三種渠道結構(如圖1.3所示)。

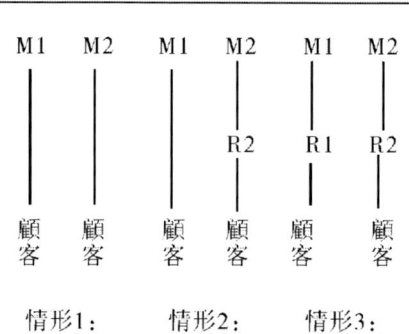

圖1.3　三種管道結構

他們的研究表明:①製造商通過他的公司店銷售產品,不管公司店是否合謀,是否有非協作行為,此時消費者獲益最大;同時當製造商作為壟斷者有非協作行為時,我們也不能從他們自己的特許分銷商(即使有自然的衝突)來推斷消費者能享受到盡可能低的價格。然而應用特許分銷商銷售產品,這種模式的零售價格比製造商利用直銷店銷售產品的零售價格要高;製造商的利潤比製造商利用直銷店銷售產品的利潤還高。②在大

多數情況下，製造商並不總是自願控制自己的特許分銷商，相反，僅僅當產品的差異化很大時，製造商才會願意控制自己的特許分銷商。③當製造商用垂直整合或者強迫執行零售價格來控制整個渠道系統時，渠道總利潤並不總是比零售商獨立確定零售價格的渠道總利潤大。麥圭爾和斯特林（1983，1986）建立模型，認為只有當競爭者的產品的差異化很大，以致於需求的交叉彈性很低時，渠道總利潤才會比零售商獨立確定零售價格的渠道總利潤大。④不同渠道結構的納什均衡依賴於產品的替代程度，大多數情況下，當產品的替代度很低時，垂直整合才是納什均衡，隨著替代度的增加，分層式的渠道結構顯得更有吸引力。⑤當製造商自己銷售產品時，製造商協作獲得的利潤比採用自己的專用分銷商分銷產品時要高，同時零售價格更低。但麥圭爾和斯特林（1983，1986）仍然沒有考慮產品差異化問題。考蘭夫和沃納菲爾特（1989）認為最優渠道結構和產品替代性之間的關係在多製造商結構模型中成立是不嚴密的，包括在渠道中的兩部分費用機制。特別是當最優固定費用不為零時，兩部分費用機制比一部分費用機制更有利可圖。他們進一步得出結論：渠道結構的均衡總是採用獨立的中間商，中間商的層級越多，渠道獲得的利潤也就越多。結論成立的條件與產品的替代關係、市場的結構關係、線性需求函數無關，只需要涉及價格競爭或數量競爭，同時要求有唯一的渠道最優利潤函數。雖然中間商的層級越多越好，但在現實中我們從來沒有看見有無窮多個中間商。考蘭夫和沃納菲爾特（1989）認為已有的一些結論的一個基本假設是渠道成員能夠觀察合約（除非渠道成員能提供一個可信的擔保，否則不可觀察的協議不存在，渠道成員的影響也會消失）。但這協議可能不容易維持，既然如此，考蘭夫和沃納菲爾特（1989）放棄了這個假設，且分析認為這些機制必須對獨立的渠道成員是有意義的。他們基於此還

提出了未來的研究方向。

喬伊斯（1991）研究了兩個製造商和一個零售商組成的渠道結構，零售商買兩個製造商的產品，且零售商是有一定談判能力的參與人。他建立了三個非協作博弈模型——兩個斯塔爾博格領導博弈模型和一個靜態博弈模型，比較了這三種均衡形式的利潤和價格，認為渠道競爭與協作的一些結論依賴於需求函數的形式，檢驗得到了當需求函數是線性形式時，價格和利潤隨產品差異化程度的降低而增加這一結論。當需求函數是非線性形式時，產品越差異化，製造商採用普通零售商會得到越少的利潤，而採用專用分銷商時，能獲得更多的利潤。在兩種需求函數下喬伊斯（1991）的研究結果如表1.2所示。

表1.2　在兩種需求函數下喬伊斯的研究結果比較

	線性需求函數	非線性需求函數
較強的結果		
穩定性	斯塔克爾博格結構更穩定	
零售價格	採用普通零售商時，零售價格較高	
相反的結果		
零售價格	納什價格比斯塔克爾斯塔克爾博格價格低	納什價格比博格價格高
福利	沒有領導渠道成員時社會福利最大	有領導渠道成員時社會福利最大
品牌範圍	當零售商想同時分銷多個品牌時，製造商希望採用專用分銷商	專用分銷商對渠道成員都有利
特殊結果		

表1.2(續)

	線性需求函數	非線性需求函數
成本影響	製造商減少成本時，零售商的獲益大於製造商的獲益	
差異化影響	隨著差異化的增加，製造商和零售商的得益都減少	製造商的得益隨採用普通零售商銷售較少，隨採用專用零售商銷售增加；除納什博弈採用普通零售商外，零售商的得益都增加

資料來源：CHOI SC. Price Competition in a Channel Structure Common Retailer [J]. Marketing Science, 1991, 10: 271-290.

李和斯特林（1997）系統研究了四種渠道結構下的垂直整合問題，他們研究的渠道整合是在給定需求函數結構（線性需求函數、非線性需求函數）下，根據渠道成員對其他渠道成員反應函數的斜率方向，給出了三種垂直整合類型，即垂直戰略替代（VSS）、垂直戰略互補（VSC）、垂直戰略獨立（VSI）。垂直戰略替代（Vertical Strategic Substitutability, VSS）是指當其他渠道成員增加他的邊際利潤時，一個渠道成員的最佳反應就是減少他的邊際利潤。垂直戰略互補（Vertical Strategic Complementarity, VSC）是指當其他渠道成員增加他的邊際利潤時，一個渠道成員的最佳反應也是增加他的邊際利潤。垂直戰略獨立（Vertical Strategic Independence, VSI）是指當其他渠道成員增加他的邊際利潤時，一個渠道成員的最佳反應是不改變它的邊際利潤。基本假設是兩個製造商通過兩個競爭性的零售商銷售競爭性的產品（就是圖1.1的模型5）。在應用需求函數時，大多數研究都是假定一個特定的需求函數，而他們分析時採用一般需求函數，這樣既能包括渠道結構，又能包括需求狀況。在建

立模型時，定義了三種設定價格的規則：製造商主導價格、零售商主導價格預見和兩者都不主導，他們證明了三種垂直整合戰略和最優價格主導關係是一一對應關係，特別的，垂直戰略替代（VSS）對價格主導者是有利的，垂直戰略互補（VSC）對跟隨者是有利的，而對垂直戰略（VSI）而言，雙方都不關心誰是主導者，不會影響雙方的利益。更重要的是，他們的研究結果分析了眾多的需求函數的特徵和三種戰略之間的關係。李和斯特林（1997）研究表明三種戰略類型與需求函數的凸性、價格水準相關，需求函數的線性特性不是三種戰略需求函數的必要條件，因而渠道分析重要的是戰略類型的假設，而不是需求函數的線性與非線性問題。

　　古普塔和盧盧（1998）繼續研究了兩個製造商和兩個零售商構成的渠道問題，主要涉及兩個方面的應用：①當兩個製造商的產品具有很高替代性和渠道成員的合約可觀察時，將獨立的零售商加入渠道中可以「緩衝」製造商的價格競爭；②渠道協作導致製造商通過產品投資來減少產品成本的積極性。他們建立四階段博弈模型分析了兩個製造商和兩個零售商組成的渠道，並得出合約是線性的且可觀察時，製造商會投資過程創新來減少產品的成本。他們還發現最優的渠道決策依賴於兩個參數：產品的替代程度和完成產品成本減少所需要的投資水準。這兩個參數代表兩個「一般戰略」，這就是組織為了獲得競爭優勢，需要的兩個基本戰略：低成本和產品差異化（波特，1980）。研究表明：①當產品具有很高的替代性時，甚至考慮過程創新這個維度時，分層非協作渠道比整合渠道能獲得更多利潤，但在分層渠道均衡中，產品替代程度越小就越容易減少產品的成本；②不管競爭渠道有什麼樣的結構和產品有什麼樣的替代度，分層渠道的製造商對過程創新的投資積極性要低於整合渠道中的製造商，因此分層渠道有更高的成本、更高的價格，

產品的質量也比整合時要低；③對這種渠道結構的特殊情況進行了分析，即製造商分別整合和特許經營。

古普塔和盧盧（1998）的研究考慮到了產品的替代性，忽略了另一種現實情況，那就是兩個零售商之間也有一定的競爭，這種競爭對產品的價格、對製造商都有一定的影響。基於此，米恩阿克什（1998）對這種渠道結構做了進一步的研究，他的模型既考慮了產品的替代性，又考慮了零售商的競爭性——商店替代性。他的研究表明零售競爭性和製造商的產品替代性對零售商和製造商的利潤和產品價格都有一定的影響。拉斐爾等（2004）繼續對兩個製造商和兩個零售商組成的渠道進行研究（如圖1.4所示）。

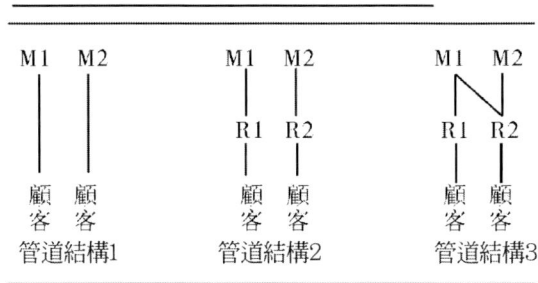

圖1.4　三種管道結構

研究出現了兩個結果：①產出擴大結果，這是因為產品有多個零售店銷售；②競爭性結果，這是由於產品品牌的競爭性引起的。產品差異化和需求函數的非對稱性是導致這兩個結果的主要原因。當產品的差異性很強和品牌非對稱性適度時，兩個製造商應該通過兩個零售商分銷他們的產品。然而當產品的差異性和品牌非對稱性很弱時，每個製造商通過一個專用分銷商分銷產品是均衡策略。他認為最有趣的一個研究結果就是存在一個非對稱均衡：一個製造商通過兩個零售商分銷他的產品，而另一個製造商通過一個專用的零售商分銷他的產品（參見圖

1.4 的渠道結構3）。

其實，兩個製造商和兩個零售商的渠道結構，從結構形式和協作機制上還有很多需要研究的內容，在模型上也非常複雜，需求函數採用線性函數，對數學的推導也非常繁瑣。當然如果採用非線性需求函數，想求出一個顯示解，還要進一步研究。

我們可以看出，很多學者對常見的渠道結構進行了研究，這些研究都是建立在單期決策之上，或者說是靜態決策。但這些研究大多數是基於價格決策的，並且他們的研究更多地是基於時間點的瞬時決策，或者說是「靜態」的博弈分析。事實上，在實踐中我們發現，當期的銷售量既受當期銷售決策的影響，也受渠道成員過去行銷決策的影響。例如製造商的品牌廣告會長期影響該產品的銷售量，會對製造商的產品聲譽（Goodwill）有累積效應，這是一種長期的動態關係，因此需要考慮動態決策。利用微分博弈方法研究這種動態關係是很好的研究方法。

伊薩克（1965）用微分博弈研究福利和逃稅問題，然後應用微分模型研究衝突問題，特別是用來研究分銷渠道。目前，微分博弈渠道動態模型主要分成兩類：一類是經典的廣告資本模型，渠道成員的努力 $A(t)$ 影響產品的聲譽 $G(t)$，但這種聲譽具有延遲性，用模型表示為：$G'(t) = A(t) - \delta G(t)$，$G(0) = G_0 \geq 0$，$t \in [0, +\infty]$。另一類是銷售努力反應模型：$x'(t) = rA(t)(1-x(t)) - \delta x(t)$，$x(0) = x_0 \geq 0$，$t \in [0, +\infty]$。或者是 $x'(t) = rA(t)\sqrt{1-x(t)} - \delta x(t)$，$x(0) = x_0 \geq 0$，$t \in [0, +\infty]$，其中 $x(t)$ 是市場分享系數。目前國內外主要基於這兩種動態關係或者是修正的動態關係或者是擴展的動態關係來研究動態渠道。

奇納塔干塔和吉安娜（1992）研究了由一個製造商和一個零售商組成的渠道，提供了一個研究動態渠道行為的分析框架（微分博弈分析方法），主要關注在動態框架下的渠道成員的最

優行銷努力水準，這些行銷努力有多期的影響，這將導致產品在多個時期的聲譽（Goodwill）累積。由於製造商和零售商追求整個時間範圍內的利潤最大化，因此他們不得不考慮行銷努力的動態影響。研究結果表明：協作時的努力水準和總的渠道利潤都要高於非協作時的努力水準和總的渠道利潤。穩定狀態下的努力和利潤要比靜態策略下的努力和利潤高，其原因是當多個時期的聲譽（Goodwill）有累積時，渠道成員為了獲得未來的收益，有提高努力水準的積極性。同時他們認為，當有多期的努力影響存在時，採用靜態策略時有更低的渠道總利潤。

奇納塔干塔和吉安娜（1992）研究的主要貢獻在於清楚分析了動態框架下各因素的特徵，他們認為當渠道成員實現協作時，必須滿足：①渠道成員有較高的折扣率；②行銷努力有較高的跨期影響；③製造商和零售商之間的聲譽相互影響程度較高。如果渠道成員實施非協作戰略，如何分享利潤？他們提出了一些研究方向，最後對如何應用進行了研究，並用實際數據進行了檢驗。

喬根森等（2001）研究了由一個製造商和一個零售商組成的渠道，認為渠道成員的決策變量是廣告投資量和邊際收益。他們用動態博弈方法（微分博弈分析方法）回答了由誰主導渠道的問題。他的分析假設廣告對需求有持續影響，給出了納什均衡和斯塔克爾博格均衡。他的研究表明在純粹的價格博弈中製造商和零售商的關係是不對稱的，在渠道中渠道成員考慮價格和廣告因素時，製造商主導渠道能夠減少渠道的非效率，消費者受益更多。當零售商主導渠道時，對渠道效率和消費者利益都不利。當渠道成員都可成為領導者時，零售商寧願是跟隨者而不是進行靜態博弈。但由於製造商主導渠道時不能實現渠道利潤最大化的渠道協作，該分析仍然存在缺陷。

凱瑞和扎克考（2005）利用微分博弈研究了由一個全國性

製造商和零售商組成的分銷渠道，認為零售商既可以銷售製造商的產品，也可以銷售具有較低價格的私有品牌。另外，研究表明有協作的廣告計劃可以幫助製造商減輕私有品牌對其的負面影響。喬根森和扎克考（2003）繼續用微分動態方法研究了由一個製造商和一個零售商組成的渠道的協作、激勵機制和可信性問題，並假設廣告努力對廣告的聲譽具有累積作用，認為每個渠道成員對其他成員的價格和廣告努力有完全的信息，如果行銷決策是其他成員行動的線性函數，那麼帕累托最優的聯合利潤最大化能夠實現。他們的研究貢獻在於：①同時考慮價格和廣告決策激勵渠道成員；②提出了動態激勵的分析方法；③過去常用的斯塔克爾博格方法是一個主導渠道的渠道成員對其他渠道成員設計激勵機制，而他們的研究假設渠道沒有領導者，渠道成員的地位是平等的，為了完成渠道協作，渠道成員都必須應用適當的激勵策略。正如喬根森和扎克考（2003）所說，如果將價格決策和廣告決策分離看待，那麼價格決策就失去了價值，這時的價格決策也就是常見的分析方法——靜態決策。

喬根森等（2003）利用微分博弈研究了製造商為建立自己的品牌形象而進行的全國性投資。零售商進行廣告的促銷努力（諸如當地商店和當地報紙）能增加零售商的銷售收入，但這有害於全國品牌形象。他們研究了兩家公司在協作計劃中，製造商分擔零售商為了推動品牌所付出的努力的一部分費用。這兩家公司與零售商進行了製造商處於領先地位的斯塔克爾博格博弈，並提出了兩個問題：①協作促銷計劃是否有利可圖；②零售商近視或遠視的決定是否會影響協作計劃的實施。研究結果表明，如果品牌形象的初始值足夠小，協作計劃是可實現的。馬丁·赫倫和塔布畢（2005）研究了由一個零售商和兩個製造商組成的渠道。零售商有有限的貨架空間，而且必須決定如何

分配兩種產品的貨架空間。他們假定兩個製造商處於領導地位的斯塔克爾博格博弈，兩個製造商同時宣布激勵戰略，也就是說，他們同時宣布他們的廣告和激勵戰略。研究表明，製造商可以通過使用激勵戰略（推）或廣告投資（拉）影響到零售商的貨架空間分配決策。

馬丁·赫倫和塔布畢（2005）利用動態博弈方法（微分博弈分析方法）分析了渠道決策的另外兩個決策變量：貨架分配和廣告決策。他們研究的渠道結構是由兩個競爭的製造商和一個零售商組成。零售商控制兩個品牌的貨架分配數量，製造商為了樹立他的品牌形象進行廣告投資。每個品牌的需求量受自己的品牌聲譽和零售商對該品牌分配的貨架量影響。於是他們建立了基於無限時間的斯塔克爾博格微分動態博弈模型——製造商主導整個渠道和零售商主導整個渠道。研究表明每個品牌的貨架分配、廣告決策和渠道成員的收益都受兩個品牌的聲譽影響。

喬根森和扎克考（2006）研究了一個製造商和銷售他品牌的零售商組成的渠道。製造商投資全國性的廣告，從而提高品牌形象，而零售商進行本地品牌促銷。他們表明，製造商在聯合利潤最大化下的廣告投入比個人最大化的廣告投入要多。這一結果並不取決於是否有製造商支持零售商最大化個人的促銷情況。布蘭頓等（2006）研究了壟斷下的動態平衡的廣告戰略。何等（2007）還研究了垂直整合渠道模型，他們發現，和分權的渠道結果比較，分權的渠道有較高的最優價格和較低的最佳廣告。此外，他們獲得了在什麼條件下製造商不應沉迷於廣告的協作。何等（2007）綜述了斯塔克爾博格微分博弈在分銷渠道中的應用，發現了一個共同的特點是應用規範的博弈結構研究由獨立製造商和零售商組成的分銷渠道，以及與需求和供給相關的動態序列決策和協調問題。在市場行銷中，斯塔克爾博

格微分博弈已被用來分析廣告協作計劃——地方品牌和全國品牌戰略、貨架空間分配、價格和廣告的決定。需求動態通常是經典廣告資本模型或銷售廣告的反應模型的擴展。

奇納塔干塔和迪帕克（1992），喬根森等（2001），喬根森和扎克考（2003），馬丁·赫倫和塔布畢（2005）等的研究，都是建立在某個時間段上的實數區間，也就是說在區間上的時間是一切實數。而楚和德賽（1995）研究了另一類動態問題——有限時間的動態模型。他們考慮了兩個時期的渠道激勵問題。他們主要是基於下面的行銷現象：留住一名顧客的成本要低於吸引一名新顧客的成本。那麼為了留住顧客，讓顧客滿意就顯得十分重要。楚和德賽（1995）希望給零售商適當的激勵，讓零售商為顧客提供更高水準的滿意。為此，楚和德賽（1995）通過建立委託—代理模型研究了兩類激勵機制：製造商分擔零售商提高顧客滿意度的部分成本（CS 輔助）、顧客滿意獎勵（CSI）。研究表明：①製造商應該合理選用 CS 機制和 CSI 機制，當零售商是短期導向的，那麼製造商就應該提高 CSI 機制獎勵的比例；當零售商是短長期導向的，那麼製造商就應該提高 CS 機制的成本比例。②製造商希望用更多具有長期導向的零售商，製造商可以通過合約來評估零售商是短期導向還是長期導向。根據初始投資的多少來甄別零售商是否是短期導向。如果零售商是短期導向的，他便不可能同意投入很高的投資。③零售商也許會合理選用 CS 機制和 CSI 機制，因為製造商使用這些機制是為了使渠道利潤最大化，零售商有時也憎恨製造商努力設計顧客滿意計劃。楚和德賽（1995）的模型中還研究了製造商對零售商採用固定費用加批發價格時的一般需求函數和成本函數。最後楚和德賽（1995）還指出了與之類似的現象，品牌管理者可能對投資短期銷售努力（如促銷活動）和長期的品牌建設努力（如廣告）有一些矛盾，銷售人員可能看重短期利益，投資

一些銷售努力滿足當前顧客或期望新顧客。高層管理者對最大化當前利潤還是投資研發（R&D）獲得未來收益之間的選擇有矛盾①。

前面所描述的無論是靜態的渠道決策還是長期的動態決策，都是基於渠道成員（博弈方）的信息是對稱的這一條件。但在實際中很多信息是渠道成員的私人信息，例如零售商的行銷努力是零售商的私人信息。已有研究者進行了相關研究，因此有必要對此進行梳理。

本杰明和特雷西（1994）認為在和製造商簽訂合同前，需求狀況是中間商的私人信息，中間商努力促銷會增加銷量，但努力程度是中間商的私人信息不易觀察，製造商也不知道銷量高低是否與中間商的努力水準有關。他們基於這種信息不對稱建立了道德風險模型，給出了在信息不對稱和道德風險下的最優零售合約。一般最優合約包括零售價格維持（Resale Price Maintenance，RPM）的形式和價格固定。就本身而論，RPM 的地位已經成為爭論的焦點，大多數分歧關注價格下限，但是最近價格上限的用處已經引起研究者的注意。在完全信息模型中，價格上限已經被討論，通過消除這個標高的價格，較低的零售價格對消費者來說是受益的。在不完全信息和道德風險模型中，布萊爾和劉易斯（1994）提供一個例子，認為價格上限有損於消費者的福利。這些研究表明：當考慮價格約束的影響時，考慮其他約束是非常重要的。德賽居和穆圭爾（1997）研究了在非對稱信息下的渠道問題，即當零售商比製造商有更多關於需求狀況的信息時，怎樣提高分銷渠道的績效。「績效要求」意味著製造商和零售商同意：①製造商根據零售價格、零售服務或者零售價格和零售服務對零售商設置績效要求；②共同投資對

---

① 這些現象豪譯等（1994）也提出過。

稱信息系統（渠道）要求監督零售商完成這些要求。研究表明關於價格和服務的績效要求將提高渠道績效。但如果製造商對零售商制定的任務要求沒有考慮績效這個維度，保持這個最優選擇就不那麼容易了。有價格要求可能比沒有價格要求的境況更糟，服務要求可能不會很好。德賽居和穆圭爾（1997）認為在價格和服務兩個維度的選擇中，對製造商和零售商而言，服務要求比價格要求更好。為了誘使零售商揭露需求信息，價格要求是較好的。

最近關於渠道協作的探討，參見曹和於歇（2008），諾亞和泰克華（2007），托尼等（2007），克普塔和弗雷澤（2008），黃等（2008），泰克華和張（2008），黃等（2009），他們的研究內容是前面研究內容的一些擴展。

我們是圍繞以下幾條主線依次梳理國外的文獻綜述的：①研究渠道協作的時間順序；②渠道結構由簡單到複雜（圖1.1的順序）；③研究方法由靜態到動態（靜態方法是指一般的非合作博弈方法，而動態博弈方法是指微分博弈方法）；④渠道成員的信息由完全信息到不完全信息。

1.2.2 國內研究現狀

國內關於渠道結構和渠道協作的研究相對較少。羅定提等（2001）針對一個供應商和兩個零售商組成的單一產品分散式供應鏈[①]提出了一種旁支付激勵機制；利用博弈論和信息經濟學理論和方法，研究了在產品價格固定、需求隨機的情況下，該旁支付激勵機制對供應商和零售商收益產生的影響；證明了該旁支付激勵機制對提高供應鏈運作效益的有效性。廖成林和劉中偉（2003）認為分銷渠道管理中生產廠商與分銷商的良好協作

---

① 該文的供應鏈只包括一個製造商和兩個零售商，可以將之看成渠道。

是進行優勢互補、提高渠道競爭力和適應市場變化的有效手段。他通過對生產廠商與分銷商協作交易特徵的介紹和對交易條件的假設，基於相互之間協作的關係建立了混合博弈模型，並進行分析，找出影響雙方協作關係的因素和實行穩定協作的條件；然後，進一步對生產廠商與分銷商的長期協作進行有限次重複博弈分析，找出影響雙方協作關係的條件；最後，根據分析的結果，指出生產廠商與分銷商建立良好的協作關係應採用的策略。

　　田厚平等（2004）分析了具有兩個製造商和一個零售商組成的分銷系統中的委託代理問題。在該系統中，兩製造商作為委託人，零售商作為代理人。在假設兩製造商的產品對於服務水準敏感且產品間存在部分替代性的基礎上，製造商通過對零售商實施獎金激勵來實現其利益最大化的目的。他們分別考慮製造商非協作競爭和協作行為這兩種情況，建立了相應的委託代理模型。結果表明，製造商在非協作競爭中受損，而零售商得到了「漁翁之利」；特別是在製造商的商品間替代性逐漸增強時，這種受損更為嚴重，而零售商得利更多。同時，協作對製造商有利，而對零售商不利。李善良和朱道立（2005）研究了由一個供應商和一個零售商組成的渠道，認為零售商的促銷努力對市場需求有重大影響。但因信息不對稱的存在，供應商無法觀測到零售商的行為，這樣就會產生敗德行為，影響協調。對此，利用委託代理分析框架，他們研究了供應商和零售商之間的利益博弈；通過比較在信息對稱與信息不對稱情況下的線性契約，分析了不同因素對於佣金率、供應商期望收益以及代理成本的影響；考察了新的觀測變量對契約設計的影響。陸芝青和王方華（2005）認為行銷渠道是企業贏得市場的關鍵。企業應該如何把握行銷渠道的發展趨勢，如何選擇自己的行銷渠道，從交易成本的角度來看，新的渠道模式能否獲得成功，很

大程度上取決於這種模式是否能夠更有效率地執行相關的渠道功能。他們從交易成本的角度分析了交易成本對渠道模式選擇的影響並建立了基於交易成本的渠道決策模型。田厚平等（2005a）考慮了具有一個生產商和兩個零售商的分銷系統中零售商可能合謀的委託代理問題，假設商品銷售量對於服務水準敏感，每個零售商的銷售量不僅與自身的服務水準有關，同時受另一零售商服務水準影響。在這一情況下，他們分別考慮分銷商非合謀時生產商的最優激勵問題；分銷商合謀但生產商不知道時，生產商所付出的代價問題；生產商知道分銷商合謀企圖或以前有過合謀行為時的防範問題。他們分別建立了相應的模型。結果表明，分銷商合謀但生產商不知道時，生產商付出較大代價，而在採取防範措施後其付出代價較小，但這兩種情況下的利潤均小於零售商非合謀時生產商所能獲得的利潤。

田厚平等（2005b）研究了兩個分銷系統（每個分銷系統具有一個作為主方的生產商和一個作為從方的分銷商）發生相互競爭的問題。生產商的產品具有部分替代性，產品的市場最終需求對於服務水準敏感——如果某分銷商服務水準增加而對手不變時，該分銷商可以在開拓市場的同時，吸引對手的顧客。他們研究了每個生產商面臨如何激勵自己的分銷商努力工作以最大化自己利益的問題，並對兩生產商協作與非協作情況分別進行了分析。結果表明，生產商在非協作時都有給自己的分銷商提供獎金激勵的動機，而在協作時都不提供獎金反而使生產商的利潤有所提高。這或許能夠解釋在當今市場上，為什麼生產商向分銷商提供獎金的情況較為常見，原因可能在於達成協作具有各種困難。

田豔（2006）認為隨著市場競爭的不斷加劇，渠道優勢已經成為企業必不可少的競爭優勢。只有通過不斷激勵渠道成員，提高其分銷能力和忠誠度，企業才能建立起一個長期導向、高

效的夥伴型分銷系統，獲得渠道優勢。他分析了對中間商激勵的必要性，系統地論述了對中間商激勵的兩種主要方式，即直接激勵和間接激勵。牛全保（2006）認為當渠道的非協作導致的衝突被逐漸認識到時，渠道成員就會有意識地開展協作。協作是否減少了衝突，增進了協調呢？他利用博弈理論提出六個假設，應用現代計量方法進行實證檢驗，得到結論：渠道協作博弈優於非協作博弈，渠道成員間傾向於協作博弈。協作博弈下的行銷渠道縱向成員（參與方）要選擇地位相當者；渠道存在一種普遍存在隱性衝突，其程度與成員影響力的運作有關。陳潔和何偉（2006）用博弈論的思想方法，通過靜態和動態博弈兩個角度，基於古諾模型建立了經銷商聯盟模型，以此分析了經銷商聯盟的形成機理。研究表明：在靜態博弈中，經銷商聯盟的利潤比競爭的利潤更大，最優的選擇是經銷商之間進行聯盟；在動態博弈中，對於具有先行優勢的經銷商，聯盟的利潤和競爭的利潤一樣，而對於後行的經銷商，聯盟的利潤比競爭的利潤大。因此，經銷商願意進行聯盟。

　　王磊等（2006）認為產品替代度是研究分銷渠道中生產商競爭的關鍵因素。以前大量的研究都假設兩個生產商之間產品的替代度相同，實際上，替代度不同更符合現實情況。基於這樣的假設，他們探討了產品替代度、不同的渠道權力結構對參與各方均衡結果的影響作用，並與以前的替代度相同模型進行了比較、討論。

　　上面的研究採用了一般的博弈方法分析渠道問題。微分動態博弈方法更具有現實意義。王正波和劉偉（2004）假設零售商促銷對廠商的品牌形象會產生負面影響，運用微分博弈的方法分別構建廠商和零售商的非協作促銷博弈模型與協作促銷博弈模型，並對均衡結果進行了比較分析，得出協作促銷時的渠道收益大於非協作的情況。最後他們提出只要廠商對零售商促

销给予补贴，帕累托改进是可以实现的。

张庶萍和张世英（2006）针对供应链系统中制造商和零售商的协作广告计划问题，利用微分对策构建动态模型，分别研究制造商和零售商在协作和非协作条件下的广告策略。运用动态规划原理，他们分别得出静态反馈纳什均衡和斯塔克尔博格均衡。将两种均衡策略加以比较，结果显示协作广告计划是供应链系统中的一种协调激励机制，可以提高两个渠道成员以及整个供应链系统的利润。

傅强和曾顺秋（2007）研究了单一制造商与单一零售商所组成的渠道结构，假设零售商广告促销活动对制造商品牌商誉存在消极影响，运用微分对策的方法，分别考察了动态架构中纳什非协作博弈、斯塔克尔博格主从博弈以及协作博弈情形下制造商与零售商的最优广告策略，并对此三种博弈结构下的反馈均衡结果进行了比较分析，发现协作博弈情形下的系统利润、制造商和零售商广告投入都要优于非协作博弈情形时的对应值。陈洁、吕巍（2007）运用囚徒困境模型的静态分析和蜈蚣博弈模型分析了渠道联盟不能形成的原因。

1.2.3 国内外研究文献概述

前面两节简要地综述了国内外关于渠道协作的研究情况。从这些研究结果我们可以看到，渠道由不同的组织构成，渠道成员追求的目标也可能不一样。但渠道是一个系统，如何协调渠道成员的决策行为，显得十分重要。这些研究主要表现在以下几个方面：

（1）渠道结构一般有五种，如图1.1。对这五种渠道结构进行比较研究。

（2）既然协作显得十分重要，那么学者们就想方设法探索协作机制。目前的机制有整合机制、数量折扣机制、两部分费

用機制、特許機制、隱性理解機制和合同機制。

（3）基於博弈論方法的渠道協作研究中，需求函數對結果的影響較大，特別是有些結論可能相反。因此需求函數的假設十分重要，目前的研究主要有三種形式：線性需求函數、非線性需求函數和一般抽象函數。

（4）從信息是否完全研究渠道協作，相關研究更多地是對完全信息渠道進行研究，而對不完全信息渠道的研究較少。

（5）博弈論研究方法上有一般博弈論研究方法（完全信息靜態博弈、完全信息動態博弈）和博弈論前沿研究方法（微分博弈方法）。

我們認為渠道協作是一個很重要的研究課題，也有許多研究結果，但仍需要進一步研究。本書的選題也正是基於此，對行銷渠道協作進行系統研究。

1.3 研究的主要內容與思路

1.3.1 研究的主要內容

縱觀有關行銷渠道協作的研究成果，國外的研究大多集中在對協作機制的探討以及在各種機制下渠道成員的得益關係上。而國內基於博弈理論的研究不多，利用委託—代理理論的研究相對多一點，且研究結果主要是涉及與渠道激勵有關的內容。作者認為渠道協作是渠道管理中的重要研究課題，還有一些關鍵問題需要研究。

第一，對渠道成員協作的原因研究不足。一般的思維都認為協作比不協作好，認為協作給渠道成員帶來的收益比不協作帶來的收益要高。在國內外眾多的研究中，都是希望設計一個

機制使渠道成員相互協作。假如這就是渠道成員協作的原因，那麼在不同的渠道結構中，協作就一定能帶來更多的收益嗎？渠道成員都願意協作嗎？例如渠道整合是一種協作機制，考夫蘭（1985）研究了產品差異化寡頭市場的整合問題，當公司選擇產品價格和市場渠道結構形式最大化利潤時，在替代品較強的市場上製造商垂直整合並不一定能夠最大化渠道利潤。因此並不是在任何情況下，協作都是最優決策。因此需要研究以下問題：在什麼樣的條件下應該協作？為什麼要協作？在考慮協作時利潤指標是唯一的嗎？

第二，對渠道結構、渠道行為與渠道協作關係的研究不足。渠道結構一般都是研究如圖 1.1 的五種結構模式（或者是他們的推廣形式：例如多個製造商與一個零售商、一個製造商和多個零售商等），這是研究渠道協作的假設基礎。製造商的渠道行為和零售商的渠道行為依賴於渠道結構，在此基礎上進一步決策是否應該協作。目前的研究都更多地強調某一個方面，忽略了他們之間的關係研究。為了更好地探討渠道協作，厘清它們之間的關係顯得十分重要。

第三，眾多的協作機制中，孰優孰劣需要進行比較研究。目前的機制有整合機制、數量折扣機制、兩部分費用機制、特許機制、隱性理解機制和合同機制等。簡單地說，整合機制是指製造商和零售商組合成一個整體，整體決策實現渠道利潤最大化，這實際上就是單人博弈（也就是最優化問題）。吉蘭德和舒甘（1983）認為數量折扣機制是指製造商給零售商的批發價格（或稱為轉移價格）是零售商進貨量的減函數，也就是說進貨量越大，批發價格就越低，進貨量越少批發價格就越高。肯特‧B. 門羅（2005）認為數量折扣機制是對批量購買的獎勵，不論是一次性購買（非累加性）還是在一定期間內的購買（累計的、遞延的或者常客折扣）。兩部分費用機制簡單地說就是固

定費用加提成機制；特許機制就是常說的特許經營，隱性理解機制是指根據渠道成員的行為逐漸調整逐步實現最優；合同機制就是渠道成員簽訂可執行的合同共同實現渠道利潤最大化等。這些機制在不同渠道下，促使的協作力量是不同的。因此需要對這些機制進行比較研究，分析在什麼條件下最好採用哪種機制？還有沒有其他機制？

第四，對渠道成員的激勵研究不足。在科特勒的經典教材中也介紹了渠道激勵問題，他認為激勵是渠道管理的重要手段。我們知道只有產品銷售出去才會獲得利潤，而銷量的增加一方面要靠製造商進行品牌投資，另一方面要靠零售商的銷售努力，因此，銷售量實際上是製造商和零售商共同努力的結果。製造商的努力更多的是隱性努力，零售商的努力更多的也是隱性努力，製造商和零售商容易陷入「囚徒困境」。為了激勵零售商對自己的品牌付出更多的努力，製造商必須承諾給零售商一部分渠道利潤。但在單期決策（或說一次性博弈）中，這種承諾不一定是可信的。只有當渠道成員進行多次重複博弈才可能實現，因為在重複博弈中，如果製造商不實現自己的諾言，那麼在以後的銷售中，零售商可以對製造商採用「懲罰戰略」，例如不推銷它的產品、將它的產品放在貨架不顯著的地方等。因此製造商對零售商適當的激勵顯得十分重要，同時製造商也要努力樹立自己的品牌「聲譽（Goodwill）」。其實我們已經看到，研究者在研究渠道激勵時，基本上都是研究製造商如何對零售商激勵，而忽略了另一個方面：零售商對製造商的激勵。對這方面的研究基本上處於空白。零售商也希望製造商給他們提供優質的產品、提供更多的促銷產品、更多的廣告宣傳。因此在實際中零售商對製造商的激勵是必不可少的。

總體來講，不論由哪個渠道成員激勵哪個渠道成員，他們都是希望維持長期穩定的協作關係。渠道成員期望得到一些額

外的收益，以作為其對提高市場價值所做的努力的回報。因此，渠道成員之間的激勵首先應該是相互的。製造商對中間商的激勵是提供優惠的產品價格，以激勵中間商的銷售量；而中間商對製造商的激勵則是提供優質的產品、更多的促銷產品、更多的廣告宣傳。在一個買方市場中，這種相互的激勵關係培養了相互之間的信賴和依賴感，形成了長期的利益關係。

第五，對渠道中可能會產生的道德風險和逆向選擇以及解決該問題的機制設計研究不足。研究渠道系統協作問題，應該研究渠道協作之前和渠道協作之後。因為渠道系統形成之前是渠道協作的基礎，而渠道系統形成之前實際上就是製造商和零售商的相互選擇問題。一方面，製造商的產品想進入零售商的賣場時，可能隱藏自己的信息，如產品質量等，這就是製造商的逆向選擇問題；另一方面，零售商想代理某一個品牌，也會隱藏或誇大自己的信息，如服務銷售能力等，這就是零售商的逆向選擇。於是在渠道系統形成之前，可能出現雙邊逆向選擇。渠道系統形成之後，零售商可能不會按製造商的意願進行銷售，同時製造商也有可能不會進行大量的廣告宣傳，這就是所謂的雙邊道德風險問題。如果我們用一個基本假設——銷售量僅由零售商的行銷努力決定，那麼這兩種問題（雙邊逆向選擇、雙邊道德風險問題），特別是雙邊道德風險問題的解決顯得十分容易。關鍵是渠道零售商對一個產品的銷售是多個因素共同影響的結果，例如零售商的服務水準、促銷力度、零售價格、品牌聲譽、顧客偏好程度等。那麼如此複雜問題如何解決值得進一步研究。

第六，對渠道成員的選擇和甄別研究不足。無論是渠道協作機制設計，還是渠道激勵，都是在渠道成員確定之後的決策行為。這引出了另一個問題，即應該與什麼樣的製造商和零售商形成渠道關係，這在行銷實踐中，被稱為行銷渠道成員的選

擇與評估。關於渠道成員的選擇的定性研究較多，而定量研究較少。如果製造商和零售商簽訂合約，這又容易導致逆向選擇問題。對零售商而言，較好品牌的製造商在市場上具有較強的競爭力，可能不願意簽訂較長的合約時間。相反差一點品牌的製造商又願意簽訂較長的合約時間。對製造商而言，他們也面臨著同樣的問題。因此對渠道成員雙方都需要建立一種甄別機制，以找到最優的績效考核標準，並與「高素質」的富有協作性的渠道成員建立渠道關係。

第七，對渠道成員的動態決策研究不足。一般的渠道協作研究中忽略了時間因素，包括吉蘭德和舒甘（1983）的經典研究也沒有考慮時間，這和實踐不相符。例如當期的價格對消費者以後的購買會產生影響，製造商的廣告對產品的聲譽也有一個累積過程等，這些都需要考慮時間的因素。而在不同的時間點上進行決策研究涉及微分。為了對渠道協作進行系統有實際意義的研究，必須應用博弈前沿理論，即微分博弈方法進行研究。

第八，基於顧客導向的渠道協作研究不足。在以顧客為導向的行銷觀念指導下，企業將顧客放在非常重要的位置，在企業的一切活動中，應充分考慮顧客的特點和顧客的需求，並圍繞其開展一切行銷活動。儘管行銷渠道的定義中也包含了消費者，但作者發現在研究渠道協作時，基本上都是研究的製造商和零售商之間的關係，卻沒有考慮消費者這個重要的博弈方，故現有的渠道協作理論主要研究製造商和零售商的兩方博弈。如何根據消費者的特點和消費者的需求來制定渠道成員的策略？如何讓顧客滿意？這需要考慮第三個博弈方——顧客。這實際上就是關於製造商、顧客和消費者的三方博弈。關於這方面的研究，國外也僅有楚和德塞（1995）做了一些研究，他們的研究希望給零售商適當的激勵，讓顧客對零售商有更高的滿意程

度。而國內這方面的研究基本上處於空白。

　　針對以上問題，本書將對下列問題進行重點研究：

　　(1) 渠道結構、渠道行為與渠道協作關係研究。本書主要根據五種常見的渠道結構，建立博弈模型，研究五種渠道結構對應的渠道行為（渠道決策）以及與渠道協作的關係，希望從定性和定量兩個方面探討渠道系統為什麼要協作，重點利用博弈模型研究三者之間的關係。

　　(2) 渠道成員的選擇和甄別問題。「高素質」的渠道成員（包括製造商和零售商）是實現親密協作的基礎。因此，本書需要建立不對稱信息博弈模型，研究選擇渠道成員的雙向逆向選擇問題，以及對造成逆向選擇的原因進行分析；建立信息甄別模型，使具有「高素質」的、具有協作精神的渠道成員成為協作夥伴，而不與「低素質」的、不具有協作精神的渠道成員進行協作。

　　(3) 渠道協作機制分析。本書主要探討完全信息條件下的渠道協作問題。目前的協作機制包含整合機制、數量折扣機制、兩部分費用機制、特許機制、隱性理解機制和合同機制等。這些機制需要針對不同的渠道機構進行比較分析。筆者用微分博弈方法進行分析，希望探討出一些其他的協作機制，用以指導行銷渠道實踐。

　　(4) 基於顧客導向的渠道協作研究。研究要充分考慮顧客的特點和顧客的需求，圍繞企業開展一切行銷活動，根據消費者的特點和消費者的需求來制定渠道成員的策略。如何讓顧客滿意？這需要考慮第三個博弈方——顧客。當考慮渠道三方博弈時，無論是協作機制還是激勵機制都可能具有一定的分析難度，這部分我們只想做一個初步探討。

　　(5) 基於委託—代理理論的渠道協作激勵機制研究。渠道中更多表現為不完全信息問題。處於信息弱勢的一方需要設計

合理的激勵機制來激勵具有信息優勢的一方努力行銷產品或努力建立自己的品牌。因此我們需要介紹委託—代理的基本模型，道德風險問題出現的原因及其解決方法。同時我們要研究當渠道的信息能夠共享時，信息共享激勵監督機制對渠道協作有何幫助，以及對他們的擴展模型：分銷渠道多委託人—代理模型和分銷渠道委託—多代理人模型進行研究。

（6）有限理性下的渠道協作問題。在渠道實踐中，製造商和其他渠道成員不滿足完全理性假設，因此在有限理性下的渠道協作分析顯得十分必要。

1.3.2 研究的基本思路

本書採用規範的理論分析、定性研究和定量研究相結合的研究方法，側重於渠道的微觀層面，能夠實現方法上的創新。在理論模型上，主要方法是博弈論（本書涉及信息經濟學的分析方法，信息經濟學仍然是博弈論的一個應用，因此本書將這兩方面的知識統稱為博弈論方法）。在設計本書的整體框架時，我們採用系統分析方法，保證邏輯的嚴密性、內容的整體性，全書的邏輯主線是渠道協作。基於上面的分析方法對渠道協作問題進行深入研究。本書的研究過程按照下面的技術路線進行：

（1）文獻資料收集、處理、分析。這包括國內外文獻收集，梳理研究現狀，指出存在的問題，提出本文的研究問題。

（2）對渠道協作進行基礎理論研究。渠道協作是渠道管理者永恆的主題，儘管已經取得了一些研究結果，但這些結果不系統、不完善。本書在研讀大量國內外文獻的基礎之上，利用所學的行銷知識和掌握的定量分析工具建立博弈理論模型，對渠道結構、渠道行為與渠道協作關係、渠道成員的選擇和甄別、協作機制、激勵機制和基於顧客導向的渠道協作問題進行深入研究。

(3) 根據渠道協作理論對渠道協作關係的實際應用進行研究。在行銷渠道實踐中，本書結合實際，建立相關理論模型，特別是博弈論模型，結合渠道管理中出現的問題進行研究。

(4) 通過一些案例研究，來體現本書結果的重要性和實用性，並提出未來的研究方向。

1.4　相關理論方法評述

為了更好地探討渠道協作的根源、協作的機制和理論實際意義，我們用到了本書的主要研究工具——博弈論（包括委託—代理理論）（張維迎，1996；謝識予，2007；弗德伯格和梯諾爾，2002；肖條軍，2004；馮·諾依曼和摩根斯坦，2004）。因此需要對該理論做簡要的評述。對博弈論的理論進行評述是方向導向的，主要為本書後面的分析研究奠定方法論基礎。於是這種簡要的評述是實用性的，而非系統全面的。

博弈論（Game Theory）又稱對策論，起源於 21 世紀初，1994 年馮·諾依曼和摩根斯坦恩合著的《博弈論和經濟行為》奠定了博弈論的理論基礎。20 世紀 50 年代以來，納什、澤爾騰、海薩尼等人使博弈論最終成熟並進入實用領域。近 20 年來，博弈論作為分析和解決衝突和協作的工具，在管理學等領域得到廣泛的應用。它為解決不同渠道成員的衝突和協作提供了一個寶貴的方法。

簡單地說，博弈論是研究渠道成員包括消費者在給定信息結構下如何決策以最大化自己的效用，以及不同渠道成員之間決策的均衡。博弈論分為協作博弈和非協作博弈。兩者的區別在於渠道成員在博弈過程中是否能夠達成一個具有約束力的協議。

倘若不能，則稱非協作博弈（Non-cooperative Game），非協作博弈是現代博弈論的研究重點。

協作博弈強調的是集體理性、團體理性（Collective Rationality），而非協作博弈則強調個人理性、個人最優決策。

博弈論非常強調時間和信息的重要性，認為時間和信息是影響博弈均衡的主要因素。在博弈過程中，參與者之間的信息傳遞決定了其行動空間和最優戰略的選擇；同時，博弈過程中始終存在一個先後問題，參與人的行動次序對博弈最後的均衡有直接的影響。一般的博弈論內容包括四種博弈：完全信息靜態博弈，完全信息動態博弈，不完全信息靜態博弈，不完全信息動態博弈。其代表人物是納什、澤爾騰和海薩尼。

而委託—代理理論由威爾森、斯彭斯、澤克梅森和羅斯等人最早提出，近年來在經濟管理領域發展十分迅速。目前有兩個分支：一是不完全信息條件下的經濟分析；二是非對稱信息條件下的經濟分析。要解決的問題主要是逆向選擇和道德風險，主要模型包括隱藏行動的道德風險模型、隱藏信息的道德風險模型、逆向選擇模型、信息傳遞模型和信息甄別模型。由於委託—代理模型主要是委託人（本書的委託人可以是製造商也可以使零售商）設計一個合約來激勵代理人為委託人的利益行動，因此這實際上是激勵問題。具體就本書的渠道而言，製造商和零售商之間存在著信息不對稱，為了進行有效協作，缺少信息的渠道成員就應該合理設計激勵機制來激勵其他渠道成員進行協作。作者認為利用委託—代理理論分析渠道協作問題是最有效的工具之一。

無論是一般博弈模型還是委託—代理模型，都能用數學語言進行描述。由於數學語言的精確性，借助數學定量分析能夠深入揭示事物的本質，因此作者認為這些博弈模型所得出的結論對渠道協作實踐有重要的指導性。

2
渠道、渠道協作與渠道協作機制

案例：布洛克巴斯特公司 DVD 租賃的困境

在 1997 年夏天，電影迷們蜂擁而至其本地布洛克巴斯特音像租賃店，希望租到電影《英國病人和杰里馬圭爾》，但卻發現所有 10 張 VCD 或所有的拷貝已租出。布洛克巴斯特知道這使得客戶煩惱，也知道這意味著失去銷售利潤。

該公司不是不知道有多少碟子可能被租用，通過觀察劇院的收益便可輕易地預測 VCD 的需求。並且該公司也知道在獲得錄音帶到商店和返回來的出租錄影帶又上架的過程中，通過購買和補給過程微調就可以改變現狀。問題是布洛克巴斯特無法負擔 60 元一份的 VCD。現有錄音帶的數目不能滿足每一位顧客需要，只有用數星期後的熱點電影的 VCD 取代他們的需求。

供應商，即電影製片廠為了賺取足夠的利潤，提高了 VCD 的初始價格。由於行業的特殊性質，人們對某 VCD 的需求常集中於短短的數周，而布洛克巴斯特音像租賃店以 3 美元的價格租出，需要出租 20 次以上才能獲得利潤。布洛克巴斯特不可能購買更多的 VCD 來滿足消費者初始的需求，電影製片廠較高的批發價格限制了這種可能性。最後製造商、零售商和顧客都難以從中獲利。

（資料來源：GERARD P, CAEHONAND MARTIN A. Lareiere Turning the Supply Chain into a Revenue Chain [J]. Harvard Business Review, 2001, 79: 66-67.）

「布洛克巴斯特音像租賃店」的問題實質上是反應了渠道成員之間的不協作問題。作為供應商的電影製片廠沒考慮到零售商的具體情況——沒有雄厚的資金購買 DVD，從而不能滿足消費者的需求，最後導致製造商（供應商）、零售商受損。自然引出的問題是布洛克巴斯特音像租賃店和電影製片廠（製造商）

是否需要渠道管理和變革以打通連接製造商和消費者的這個「通道」（渠道）。如果布洛克巴斯特音像租賃店和電影製片廠（製造商）協作，能夠提高雙方的利潤嗎？顧客能夠滿意嗎？是否需要探索一些機制來促進協作？

為了回答上述問題，我們在這章需要研究什麼是渠道？渠道成員有哪些渠道行為？渠道成員為什麼要協作？渠道、渠道行為和渠道協作的關係如何？

2.1 行銷渠道與渠道結構

2.1.1 行銷渠道的定義

在市場行銷理論中，有關行銷渠道的定義有多種。

科特勒（1998）認為：市場行銷渠道是指配合起來生產、分銷和消費某個生產者的商品和勞務的所有企業和個人，如：製造商、商人中間商、代理中間商、輔助商以及最終消費者。

斯特恩等（2001）認為：行銷渠道是促使產品或服務順利地被使用或消費的一整套相互依存的組織。

伯特・羅森布羅姆（2006）認為：行銷渠道是與公司外部關聯的、達到公司行銷目標的經營組織。

美國行銷學會對渠道的定義是企業內部和外部代理商和經銷商（批發商和零售商）的組織機構，通過這些組織，商品（產品或勞務）才得以上市銷售。

易斯 E. 布恩和大衛 L. 庫爾茨（2005）認為：行銷渠道是由生產商向消費者或企業用戶轉移的各種行銷機構及其相互關係構成的組織系統。

之所以有如此多的對行銷渠道的定義，是因為研究者的研

究視角不同。他們可以從製造商的角度定義,也可以從中間商(批發商或零售商)的角度定義,可以從消費者的角度定義,可以從組織和效率的角度定義,也可以從系統論的角度定義。作者認為無論是哪種定義,其基本要素都必須具備:一是渠道由不同的組織(渠道成員)構成,如製造商、中間商、輔助商和消費者;二是不同組織必須聯合起來把產品或服務順利轉移到消費者。因此本書採用斯特恩等(2001)冠以行銷渠道的定義:行銷渠道是促使產品或服務順利地被使用或消費的一整套相互依存的組織。

該定義不僅描述了行銷渠道的基本功能——產品在空間上的轉移,而且準確定位了渠道成員的相互關係——相互依存。渠道成員的核心業務不一樣,例如中間商可以憑藉業務往來關係、經驗和規模經營來提高渠道效率;製造商主要為消費者提供更多滿意的產品;消費者希望以更低的價格獲得滿足自己個性化需求的產品;等等。渠道作為一個系統,有系統的目標,為了實現渠道系統的目標就必須要求渠道成員密切協作。但我們也應該看到渠道成員有自己的目標,並不是所有渠道成員都願意協作,那麼我們必須借助外在的力量——協作機制和激勵機制來實現渠道成員協作。

值得一提的是行銷渠道和分銷渠道的概念。在國內外學術界,也曾有學者提出應將兩個術語加以區別對待。例如:日本學者茅野健等人曾提出,從國民經濟整體的角度出發看待產品分銷時的渠道,就應用分銷渠道這一概念;而從企業經營的角度出發來解釋產品分銷時的渠道,就應用市場行銷渠道這一概念。中國學者郭國慶等認為應將兩者區別對待,但不贊同茅野健的觀點,比較贊同科特勒關於分銷渠道和行銷渠道的定義(郭國慶,1995)。然而,近年的一些行銷教材大多將兩者混淆使用,一些學者認為應將行銷渠道和分銷渠道同等看待。本書

主要研究行銷渠道的協作管理問題，個別地方將兩者等同看待。

為了便於本書的建模方便，我們需要對渠道成員做一些說明：渠道成員一般包括製造商、商人中間商、代理中間商、輔助商以及最終消費者。隨著市場競爭的加劇，為了更快地對消費者的需求做出反應，要求渠道更加扁平化。很多製造商的產品都是通過零售商直接面對顧客，也就是說採用製造商—零售商—顧客的模式運作。因此本書主要分析製造商、零售商和顧客的協作管理問題。也就是說我們的模型的博弈方是製造商、零售商[1]和顧客。儘管一些行業的產品例如普通消費品不滿足這種模式，需要通過製造商—批發商—零售商—消費者的模式運作，但這只會增加模型的複雜度，不會影響我們的分析方法。因此本書的渠道成員主要包括製造商、零售商和顧客。

2.1.2 六種渠道結構及其擴展型

在行銷管理文獻中，渠道結構還沒有清晰準確的概念，研究者們在談到渠道結構時大多是討論渠道長度——渠道中間商的級數（王國才等，2007），如圖2.1所示。

僅考慮渠道長度這個維度對渠道結構分類是不全面的，特別是在考慮某個行業的渠道結構時，製造商並不是唯一的，很多同類產品具有替代性，而同一個地區的零售商也不是唯一的。因此我們還需要考慮渠道的寬度。本書考慮的寬度既包括製造商的寬度，又包括零售商的寬度。為了分析方便，本書主要研究兩個製造商、兩個零售商和消費者構成的渠道。具體而言本章研究六種渠道結構模型的協作問題，如圖2.2所示。

---

[1] 由於渠道成員較多，在選取渠道成員時，我們主要考慮製造商和零售商（個別章節涉及顧客），這個假設來自於渠道研究專家舒甘（1983，1986），穆爾士（1987，1997），斯特林（1983）等的研究假設，他們在研究渠道協作時，主要研究製造商、零售商之間的協作。

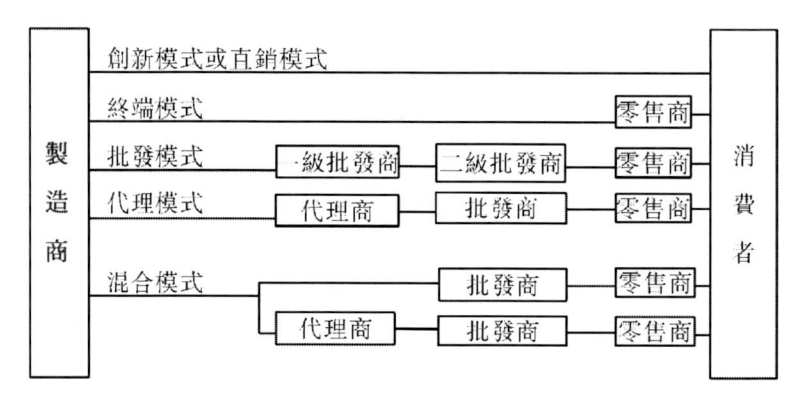

圖 2.1　某行業行銷管道結構

資料來源：王國才，王希鳳. 行銷渠道 [M]. 北京：清華大學出版社，2007：6.

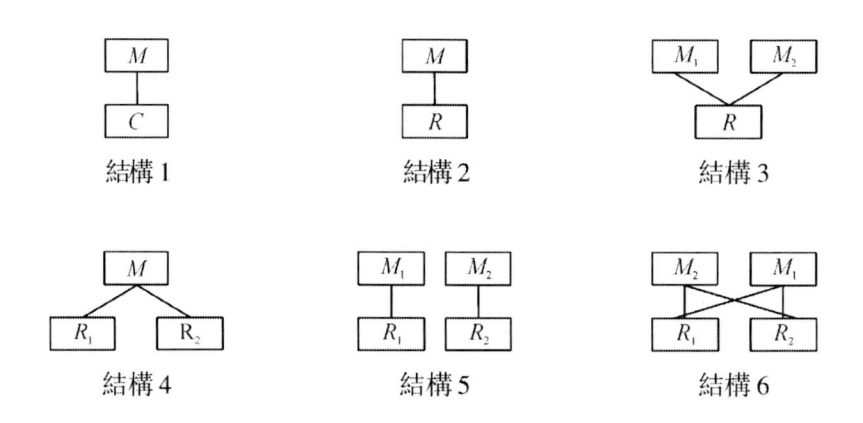

圖 2.2　六種管道結構模型

　　這幾種渠道結構都具有現實意義，基本上能概括目前渠道類型。結構1與圖2.1的創新模式或直銷模式是一致，在我們後面的分析中稱之為渠道整合；結構2與圖2.1的終端模式一致，在王國才、王希鳳（2007）的專著中稱之為傳統結構，也是目前國內外研究的主流渠道模式；結構3主要針對兩種具有替代性的產品通過同一個零售商銷售，相當於某個零售商代理兩種品牌；結構4描述的是某一品牌在某地區通過兩個零售商銷售，

例如廣州本田汽車在某城市可能有兩個代理商；結構 5 在市場上相對較少，更多的是工業品或高檔消費品，這兩個製造商都通過自己的專用零售商銷售產品，但製造商的產品具有一定替代性，零售商具有一定競爭性；結構模式 6 較為普遍，很多行業都滿足這種模式。

2.2 渠道協作的內涵和動因

亞當・斯密在其經典著作《國民財富的性質和原因的研究》中就表達了協作的重要意義。今天，作為渠道成員的製造商面臨著激烈的競爭，同類替代品越來越多、產品的生命週期越來越短、研發成本越來越高等原因導致製造商的利潤空間逐漸縮小。處於渠道中間的零售商的競爭更是日益白熱化，國內外大型零售商布滿各個角落，他們憑著規模優勢、經驗優勢、品牌優勢進行一輪又一輪的「商戰」；而隨著社會經濟的發展，消費者的意識形態也在逐漸改變，他們追求差異化、個性化、快速化，對製造商和零售商的要求越來越高。為了更好地滿足顧客，提高渠道效率，渠道經理應該重視協調整個渠道，使渠道成員密切協作，「撿回」渠道利潤。

2.2.1 協作的內涵

「協作」（Coordination）一詞來源於拉丁文，其原意是指成員之間的共同行為或協作行為（洪遠朋，1996）。

辭海解釋「協」字，有調和、和諧、共同、相互配合等意思；辭源解釋「協作」為若干人或若干單元相互配合完成任務。

英文中「協作」（Coordination）一詞是協作、合作的意思。

《漢語辭典》對「協作」的解釋是：相互配合完成任務。

從組織行為學的角度來說，協作是社會化勞動的一種形式。它是指兩個或兩個以上的個體或群體，為了實現共同的目標，自覺或不自覺地相互配合的一種行為方式（胡宇辰等，1998）。

其實自人類誕生之初便有協作，協作是人類社會的一種普遍現象。人類要生存，要與自然做鬥爭，就需要協作，正如呂氏春秋所言：「凡人之性，爪牙不足以自守衛，肌膚不足以捍寒暑，筋骨不足以從利避害，勇敢不足以卻猛禁悍，然欲裁萬物，制禽獸，服狡蟲，暑濕燥弗能害，不唯先有其備而以群聚耶？群之可聚也，相與之利也。」

我們今天所說的協作往往是指有意識的、自覺的配合。這種協作的實現一般必須具備下列條件（胡繼靈，2007）：

（1）協作者必須有共同的目標、利益和興趣。

（2）協作必須具備一定的物質技術基礎。即協作的項目必須是一個人或一個群體難以勝任的，在協作過程中，一個人或一個群體目標的實現要依賴於其他人或其他群體。

（3）要有協調一致的專業技術，以確保協作目標的實現①。

從博弈論的視角看，協作是博弈的最佳結局，參與者之間通過彼此協商、簽訂協議，建立協作夥伴關係或互利關係，可使博弈方資源避免浪費，降低信息不對等程度。

2.2.2 渠道協作的內涵及其渠道協作的動因

渠道協作是渠道成員之間的協作，意指渠道成員為了共同及各自目標而採取的共同且互利性的行動和所要表達的意願（張永強，2005）。

由於渠道是促使產品或服務順利地被使用或消費的一整套

---

① 原文獻中指的是合作，本書認為改為協作同樣能表達其意。

相互依存的組織，因此西方理論界普遍接受的一個觀點是：渠道協作根源於渠道成員之間的相互依賴性。從管理的角度將行銷渠道視為超組織（路易斯，1967）。這個超組織中的機構必須在同時追求獨立和集體目標的過程當中進行協作，以執行渠道任務。製造商（或其他渠道成員）需要掌控渠道，以促進渠道成員為實現公司的分銷目標而協作（羅森布羅姆，1995）。從資源的視角看，協作的有利之處在於尋求發展，其職能是共同獲取資源。協作意味著把自己內部的核心優勢與協作夥伴的獨特能力結合起來，通過協作，分銷商能夠為其業務尋找新的市場或開闢新的渠道，與此同時分銷商也可以提高開發新產品和獲取重要資源等方面的能力（張繼焦等，2002）。大量研究表明，渠道協作會提高渠道成員的滿意度。協作會帶來協同效果，一般比不協作要好。協作的效果可以用協作的收益減去協作的成本來衡量。協作的收益包括目標實現和每個參與者所獲得的收益。協作的成本包括所喪失的部分決策自主權、稀缺資源的消耗，以及可能與協作方推出的產品有問題而對自己聲譽的損害等。並且通過研究發現，協作的程度越高，業績也越好，反之，協作的程度越低，業績越差（牛保全，2008）。

因此，我們看到建立了良好的協作關係，可以使協作方共享渠道信息、資源、技術、形象，獲得更多的渠道收益，帶來巨大的協同效應。

2.2.3 渠道協作動因的博弈分析

前面簡要分析了渠道協作的動因，這些定性研究結果表明：渠道協作的動因更多表現在渠道收益上。於是本小節從渠道成員利潤的視角，用博弈論方法分析渠道協作的動因，圖 2.2 中給出了六種渠道結構，渠道結構 1 本身就是協作情況，於是略去。下面對結構 2 至結構 6 進行分析。

為了結果的比較和分析，我們的符號與吉蘭德和舒甘（1983）的論文 *Managing Channel Profits* 一致。

2.2.3.1　渠道結構2的協作動因的博弈分析（吉蘭德和舒甘，1983）

在這種渠道結構中，主要分析一個製造商和一個零售商的協作動因，或者說通過博弈模型分析製造商和零售商是否願意協作。我們用大寫字母代表製造商，小寫字母代表零售商。

F, f——製造商和零售商各自的總固定成本；

C, c——製造商和零售商各自的單位成本；

Π, π——製造商和零售商各自的利潤函數；

$D(p)$——關於價格 p 的消費者需求函數，$\dfrac{dD}{dp} < 0$；

G, g——製造商和零售商各自的邊際利潤。

為了建模方便，先做簡要的說明：一是在探討協作動因時，我們假設製造商和零售商的地位是對稱的，不考慮誰主導渠道的情況。二是需求函數 $D(p)$ 是向下傾斜的，也即是要滿足 $\dfrac{dD}{dp} < 0$。三是決策變量的確定，製造商的控制變量為邊際利潤 G，零售商的控制變量為邊際利潤 g。根據這些符號定義、假設和渠道系統實際，有下列函數：

製造商的利潤函數：$\Pi = GD - F$；

零售商的利潤函數：$\pi = gD - f$；

渠道總利潤函數：$\Pi + \pi = (G + g)D - F - f$；

零售價格：$p = G + g + C + c$。

如果有一個渠道成員擁有整個渠道，那麼完全協作將存在。製造商和零售商的決策行為被這個擁有者直接管理，那麼渠道擁有者追求整體利潤最大化，也就是說他可以管理製造商和零售商的行為，並控制決策變量 G，使得追求總渠道利潤 $\Pi + \pi$ 最大化。於是 $\Pi + \pi$ 最大化的必要條件為：

$$\frac{\partial(\Pi+\pi)}{\partial G}=\frac{\partial \Pi}{\partial G}+\frac{\partial \pi}{\partial G}=0 \qquad (2.1)$$

由於 $\pi=gD(P)-f$，因此 $\frac{\partial \pi}{\partial G}=g\frac{\partial D}{\partial p}\frac{\partial p}{\partial G}=g\frac{\partial D}{\partial p}=g\frac{\partial D}{\partial p}\frac{p}{D}\frac{D}{p}$。

記 $e=-\frac{\partial D}{\partial p}\frac{p}{D}$，於是 (2.2) 必然成立。

$$\frac{\partial \pi}{\partial G}=-\frac{geD}{p} \qquad (2.2)$$

其中 $e=-\frac{\partial D}{\partial p}\frac{p}{D}$ 表示需求的絕對價格彈性。

由於 g，$D(p)$，p，e 都大於零，因此 $\frac{\partial \pi}{\partial G}<0$。這個結果表明如果零售商僅僅關心自己的邊際利潤，那麼他並不樂意接受渠道擁有者給予的控制安排 G；如果零售商已經接受了決策變量 G，那麼零售商必然會選擇 G 使得 $\frac{\partial \pi}{\partial G}=0$。

但是如果 $\frac{\partial \pi}{\partial G}<0$，(2.1) 式成立，必有 $\frac{\partial \Pi}{\partial G}>0$。這個結果表明，如果渠道整體利潤最大化，那麼製造商的利潤隨 G 的增大而增大。也就是說製造商也不樂意接受渠道擁有者給予的控制安排 G，而要進一步提高邊際收益 G 直到自己的利潤最大化。

如果製造商感興趣自己的利潤使得渠道總利潤最大化，那

麼 $G^* = \dfrac{g+c+C-e^*g}{e^*-1}$ ①滿足 $\dfrac{\partial\Pi}{\partial G} + \dfrac{\partial\pi}{\partial G} = 0$，並且 $\dfrac{\partial\Pi}{\partial G} > 0$；如果製造商追求自己獨立利潤最大化，那麼 $G^{**} = \dfrac{g+c+C}{e^{**}-1}$ ②滿足 $\dfrac{\partial\Pi}{\partial G} = 0$；製造商能夠提高他的邊際利潤在 G^* 之上是因為能使利潤最大化③。從短期來看，獲得更多的利潤是因為初始利潤總量的遞減被較高的邊際利潤所補充，製造商沒有感覺到總利潤的減少是因為他的邊際利潤僅僅決定了價格的一部分。但零售商從遞減的總利潤中的損失比製造商的損失更多，因為零售商受損的同時，他的單位利潤並沒增加。

因此吉蘭德和舒甘（1983）最後得到的結論：沒有共同所有權和渠道協作，製造商為了利潤最大化有積極性控制邊際利潤在渠道總利潤最大化的邊際利潤水準之上。於是缺乏協作導致渠道成員的自我滿意行為——增加產品的價格④。由於對稱性對零售商同樣成立，這就是為什麼製造商（零售商）應該追求和零售商（製造商）協作。另外，製造商和零售商看到機會從其他成員的費用中獲得收益。每一個渠道成員追求自己利潤最大化時減少了其他渠道成員的利潤，最終使雙方處於更糟的境

---

① 因為 $\Pi + \pi = (G+g)D - F - f$，所以 $\dfrac{\partial(\Pi+\pi)}{\partial G} = D(p) + (G+g)D' = 0$，從而 $1 + (G+g)\dfrac{D'}{D} = 0$，進而 $p + (G+g)\dfrac{D'}{D}p = 0$，記 $e' = \dfrac{\partial Dp}{\partial pD}$，所以 $p - (G+g)e^* = 0$，$G' = \dfrac{g+c+C-e'g}{e'-1}$。

② 因為 $\dfrac{\partial\pi}{\partial G} = D(p) + GD' = 0$，從而 $1 + G\dfrac{D'}{D} = 0, p + G\dfrac{D'}{D}p = 0$，記 $e = \dfrac{\partial Dp}{\partial pD}$，所以 $G^{**} = \dfrac{g+c+C-e^*g}{e^*-1}$。

③ 因為 $G^{**} > G^*$。

④ 因為 $p = G + g + C + c$，G 增大，p 也增大。

地，或者說雙方都陷入了「囚徒困境」。

從而我們看到，短期來看，渠道成員不協作能獲得更多的渠道利潤，但消費者會承受更多的零售價格，最終渠道成員陷入「囚徒困境」，沒有達到帕累托最優狀態，因此協作比不協作好。

2.2.3.2 渠道結構3的協作動因的博弈分析

渠道結構3和擴展的渠道結構1是同種類型，於是本節只研究結構3。結構3描述的是一個零售商代理兩個製造商的產品。其符號和相應利潤函數關係如下：

F_i——製造商 i 的總固定成本，$i=1, 2$；

f——零售商的總固定成本；

C_i——製造商 i 的單位成本，$i=1, 2$；

c——零售商的單位成本；

Π_i——製造商 i 的利潤函數，$i=1, 2$；

π——零售商的利潤函數；

$D_i(p_1, p_2)$——關於價格 p_i 的消費者需求函數，$\frac{dD_i}{dp_i} < 0$，$i=1, 2$；

G_i——製造商 i 的邊際利潤，$i=1, 2$。

g_i——零售商銷售製造商 i 的產品的邊際利潤，$i=1, 2$。

由於零售商代理兩個製造商的產品，因此零售商的利潤為銷售兩個產品的利潤之和，於是利潤函數和零售價格如下：

製造商的利潤函數：$\Pi_i = G_i D_i - F_i$，$i=1, 2$；

零售商的利潤函數：$\pi = g_1 D_1(p_1, p_2) + g_2 D_2(p_1, p_2) - f$；

渠道總利潤函數：$\Pi_i + \pi = G_i D_i + g_1 D_1(p_1, p_2) + g_2 D_2(p_1, p_2) - F_i - f$，$i=1, 2$；

零售價格：$p_i = G_i + g_i + C_i + c$。

其實，這種渠道的協作是製造商1和零售商的協作、製造

商 2 和零售商的協作，由於這兩種情況是對稱的，一般地，我們分析製造商 i（$i=1$, 2）和零售商的協作情況。此時渠道總利潤 $\Pi_i + \pi$ 最大化的一階條件為：

$$\frac{\partial(\Pi_i + \pi)}{\partial G_i} = \frac{\partial \Pi_i}{\partial G_i} + \frac{\partial \pi}{\partial G_i} = 0 \text{ , } i = 1, 2 \qquad (2.3)$$

$$\frac{\partial(\Pi_i + \pi)}{\partial g_i} = \frac{\partial \Pi_i}{\partial g_i} + \frac{\partial \pi}{\partial g_i} = 0 \text{ , } i = 1, 2 \qquad (2.4)$$

對（2.3）和（2.4）的分析結果類似 2.2.3.1 節，協作比不協作好。

2.2.3.3 渠道結構4和結構5的協作動因的博弈分析

結構 4 描述的是一個製造商利用兩個零售商進行產品銷售。其協作動因的博弈分析和渠道結構 3 完全類似，為了避免重複，其分析過程略去，詳細過程參見吉蘭德和舒甘（1983）的論文 *Managing Channel Profits*。至於渠道結構 5，可以將之看作是渠道結構 2 的推廣。限於篇幅，本書略去。這兩種渠道結構都能說明從收益上看，協作比不協作好。

2.2.3.4 一般渠道結構（渠道結構6）的協作動因的博弈分析

這種渠道結構較為複雜，每個製造商通過兩個零售商銷售產品。結合圖 2.2 的結構 6 我們先給出一些符號和每個製造商和每個零售商的利潤函數，然後進一步分析協作的重要性。

渠道由 2 個製造商（Manufacturer，記為 $j = 1,2$），2 個零售商（Retailer，記為 $i = 1,2$）組成。有時將製造商 j 和產品 j 等同看待。

其符號和相應利潤函數關係如下：

F_j——製造商 j 的總固定成本，$j = 1,2$；

f_i——零售商 i 的總固定成本，$i = 1, 2$；

C_j——製造商 j 的單位成本，$j = 1,2$ $i = 1, 2$；

c_i——零售商 i 的單位成本，$i = 1, 2$；

Π_j——製造商 j 的利潤函數，$j = 1, 2$；

π_i——零售商 i 的利潤函數，$i = 1, 2$；

$D_{ij}(\bar{p})$——關於價格向量 $\bar{p}$ 的消費者需求函數，其中 $\bar{p} = (p_{ij}, p_{ik}, p_{lj}, p_{lk})$，且滿足 $\frac{dD_{ij}}{dp_{ij}} < 0$，$\frac{dD_{ij}}{dp_{ik}} > 0$，$\frac{dD_{ij}}{dp_{lj}} > 0$，$\frac{dD_{ij}}{dp_{lk}} > 0$，$i = 1, 2; j = 1, 2; k = 3 - j, l = 3 - i$。

需求函數 $D_{ij}(\bar{p})$ 滿足 $\frac{dD_{ij}}{dp_{ij}} < 0$，$\frac{dD_{ij}}{dp_{ik}} > 0$，$\frac{dD_{ij}}{dp_{lj}} > 0$，$\frac{dD_{ij}}{dp_{lk}} > 0$ 的意義是明顯的。說明零售商 i 銷售製造商 j 的產品的需求量 $D_{ij}(\bar{p})$ 隨自己的價格 p_{ij} 增加而增加，隨其他價格 p_{ik}, p_{lj}, p_{lk} 的增加而減少。

G_j——製造商 j 的邊際利潤①，$j = 1, 2$；

g_{ij}——零售商 i 銷售製造商 j 的產品獲得的邊際利潤，$i = 1, 2, j = 1, 2$。

由於零售商 i 代理兩個製造商的產品，因此零售商的利潤為銷售兩個產品的利潤之和，於是利潤函數和零售價格如下：

製造商 j 的利潤函數：$\Pi_j = \sum_{i=1}^{2} G_j D_{ij}(\bar{p}) - F_j$，$j = 1, 2$；

零售商 i 的利潤函數：$\pi_i = \sum_{j=1}^{2} g_{ij} D_{ij}(\bar{p}) - f_i$，$i = 1, 2$；

渠道總利潤函數：$\Pi_T = \sum_{j=1}^{2} \Pi_j + \sum_{i=1}^{2} \pi_i = \sum_{j=1}^{2} (\sum_{i=1}^{2} G_j D_{ij}(\bar{p}) - F_j) + \sum_{i=1}^{2} (\sum_{j=1}^{2} g_{ij} D_{ij}(\bar{p}) - f_i)$

---

① 渠道結構6中，一般地，製造商 R_1 銷售給兩個零售商的批發價格應該不同，就是說本書的邊際利潤 R_2 是不同的，但為了簡化，我們假設製造商銷售給兩個零售商獲得的邊際收益相同，都為 R_2。

$$= \sum_{j=1}^{2}\sum_{i=1}^{2} G_j D_{ij}(\bar{p}) - \sum_{j=1}^{2} F_j + \sum_{i=1}^{2}\sum_{j=1}^{2} g_{ij} D_{ij}(\bar{p}) - \sum_{i=1}^{2} f_i;$$

零售價格：$p_{ij} = G_j + g_{ij} + C_j + c_i$，$i = 1, 2, j = 1, 2$。

要使整個渠道協作存在。製造商和零售商的決策行為被這個擁有者直接管理，那麼渠道擁有者追求整體利潤最大化，也就是說他可以管理製造商和零售商的行為，並控制決策變量 G_j，使得追求總渠道利潤 Π_T 最大化。於是 Π_T 的必要條件為(2.5)。

$$\frac{\partial \Pi_T}{\partial G_j} = \frac{\partial(\sum_{j=1}^{2}\Pi_j)}{\partial G_j} + \frac{\partial(\sum_{i=1}^{2}\pi_i)}{\partial G_j} = \frac{\partial \Pi_1}{\partial G_j} + \frac{\partial \Pi_2}{\partial G_j} + \frac{\partial \pi_1}{\partial G_j} + \frac{\partial \pi_2}{\partial G_j} = 0$$
(2.5)

（2.5）的分析方式與吉蘭德和舒甘一致。如果渠道成員不協作，最終渠道成員陷入「囚徒困境」，沒有達到帕累托最優狀態，因此協作比不協作好。另外米斯阿克什（1998）也研究了這種渠道結構，採用具體的線性需求函數研究表明協作比不協作好。

2.2.3.5　小結

2.2.3 小節利用博弈論建模分析探討渠道協作的動因。由於我們主要研究六種渠道結構的協作管理問題。因此我們只研究了幾種情況，研究結果表明每一個渠道成員都希望對方協作而自己不想協作，這必將陷入「囚徒困境」。博弈方都協作比不協作好，協作是帕累托最優狀態。但我們的研究也有缺陷，直覺上講，渠道協作的動因是多方面的，因此研究視角也是多方面的，例如，可以從渠道成員的滿意度方面分析，可以從渠道力方面分析，可以從組織理論方面分析等。而我們的研究僅僅局限於渠道利潤這個視角，顯得不很完美。但的確有眾多因素影響渠道協作，這些因素中比較重要的應該是利潤，並且其他因素的落腳點同樣是利潤。因此我們的博弈建模分析具有一定的

說服力。當然，理想的方式應該是通過實證研究從眾多的變量中，剝離出影響渠道協作動因的主要因素，然後根據這些主要因素建立定量模型進行分析。這些在未來值得研究。

2.3 渠道協作機制比較分析

渠道成員都希望協作，因為從收益的角度講，協作的收益比不協作多。但要實現渠道成員的協作並不容易，除非有一些可行的協作機制。目前國外學者提出的協作機制有整合機制、數量折扣機制、兩部分費用機制、特許機制、隱性理解機制和合同機制等；而國內還沒有提出較好的協作機制。本節首先評述國外的協作機制，然後對這些機制進行比較研究。後面的章節需要探討新的協作機制。

2.3.1 整合機制

傳統的行銷渠道由獨立的製造商、中間商（零售商）和顧客組成，每個成員獨立地追求利潤最大化，沒有一個渠道成員對整個渠道擁有控制權，這是以損害渠道整體利益為代價的。這時需要運用系統理論和方法加以整合，由製造商、中間商（零售商）和消費者組成一個聯合體。某個渠道成員擁有其他成員的產權，或者一種特許經營關係，或者這個渠道成員擁有相當實力，其他渠道成員願意協作（科特勒等，2006）。例如可口可樂整合了軟飲料渠道，這種整合模式是在消除渠道成員在追求各自利益時所造成的衝突而出現的，可以通過其規模、談判實力和較少的重複服務來獲得收益（科特勒等，2006）。這實質上是渠道內整合。另一種渠道整合是渠道間整合。行銷渠道間

整合是指多渠道行銷系統中每一行銷渠道獨立地承擔其服務於行銷的功能，各自獨立形成銷售通道實現產品銷售，以提高市場覆蓋率和增加產品銷售量，行銷渠道間整合的各行銷渠道是相互獨立的（張庚淼等，2002）。這種整合機制可以營造企業的核心競爭力和競爭優勢，以整合為中心，力求系統化管理，強調協調和統一（張廣玲和鄔金濤，2005）。

在國外的研究中，整合是指製造商和零售商組合成一個整體，整體決策實現渠道利潤最大化，這實際上就是單人博弈（也就是最優化問題）。為了提高渠道效率，渠道統一決策是必不可少的。在渠道中兩個重要的決策變量是非常重要的，那就是轉移價格（或稱批發價格）和零售價格。在傳統渠道中，批發價格由製造商確定，零售價格由零售商確定。採用整合機制，渠道只由有控制權或所有權的渠道成員確定最優零售價格。這樣可以減少渠道衝突，形成穩定、健康、和諧的協作渠道關係；可以減少渠道內耗，把更多的精力和資源投入到顧客服務中去，提供個性化服務、滿足個性化需求，和顧客保持持久良好的行銷關係，從而更好地培育企業核心競爭力。

但吉蘭德和舒甘（1983）認為整合面臨三個問題：一是零售商可能代理多個品牌，如果對某個品牌進行整合，而另一個品牌不整合，那麼整合品牌時零售商可以處於領導地位，零售商便可能投入更多精力轉向不整合的品牌。二是整合對製造商和零售商是有益的，但對消費者不利，消費者不希望整合，如果法律要求必要的競爭，那麼實施整合就很困難。三是更多的研究中假設製造商和零售商的成本都是固定成本，如果他們的成本是可變成本，那麼整合後誰去管理？

作者認為整合機制對渠道不一定都是很好的協作機制，在使用渠道整合機制時，需要考慮下列因素：①渠道結構；②產品的替代性和互補性；③需求函數與決策變量（常見的價格變

量）的函數關係；④消費者；等等。只有綜合考慮這些因素才能做出正確的決策。

2.3.2 吉蘭德和舒甘的數量折扣機制

吉蘭德和舒甘（1983）的數量折扣機制主要是在一個製造商和一個零售商的渠道關係（渠道結構2）假設下提出的，除了圖2.2中的渠道結構1，在其他任何渠道結構中，都會涉及製造商和零售商之間的批發價格和進貨量問題，即數量折扣問題。因此數量折扣機制對其他渠道結構也是適用的。

數量折扣機制是指製造商提供給零售商的批發價格是零售商進貨量的減函數。零售商從製造商那裡購買產品的量越多，就能獲得一個較大的價格折扣。也就是說進貨量越大，批發價格就越低；進貨量越少，批發價格就越高。如果製造商不提供數量折扣，那麼製造商從零售商處獲得一個固定的邊際利潤 G。但是為了賣出更多的產品，零售商就需要降低零售價格，就是降低他的邊際利潤 g，這時製造商能獲得更多的利潤。為了激勵零售商，製造商應該讓一部分利潤給零售商，以此減少零售商的成本，進一步使零售商具有積極性銷售更多的產品。

吉蘭德和舒甘（1983）認為數量折扣機制能使渠道利潤最大化。下面從模型分析這種機制（其符號定義見2.2.3.1節）。

$$t = k_1(p(D) - c - C) + \frac{k_2}{D} + C \tag{2.6}$$

（2.6）中，$p(D) - c - C = G + g$ 是渠道總的邊際利潤，k_1 滿足 $0 < k_1 < 1$，$k_2 > 0$ 於是 $k_1(p(D) - c - C)$ 就是單位產品的邊際利潤中零售商分享的比例。k_2 為固定費用。t 就是零售商支付製造商單位每單位的價格。我們注意到需求量 D 越大，t 就越小，因為：$\frac{dt}{dD} = k_1 \frac{dp}{dD} - \frac{k_2}{D^2} = \frac{k_1}{\frac{dD}{dp}} - \frac{k_2}{D^2}$，並且 $k_1 > 0$，$k_2 > 0$，$\frac{dD}{dp} <$

0，從而 $\frac{dt}{dD} < 0$。

於是製造商和零售商的利潤函數為：
$$\Pi = (t - C)D - F = k_1[(G + g)D] + k_2 - F$$
$$\pi = (p - t - c)D - f = (1 - k_1)[(G + g)D] - k_2 - f$$

容易看出製造商和零售商的利潤函數是渠道總利潤的線性函數。零售商利潤最大化自然就最大化了製造商的利潤和渠道總利潤。

不過，數量折扣機制中的另一個問題就是 k_1, k_2 的確定，也就是利潤的分配問題，這需要借助納什討價還價理論分析。

2.3.3 兩部分費用（Two-part Tariffs）機制

祖斯曼和艾加（1981）應用討價還價理論、風險分擔理論、合約激勵理論和委託—代理關係研究了兩部分費用問題。零售商的利潤函數為：

$$\pi = R(q) - v(q) \tag{2.7}$$

其中 $R(q)$ 是零售商的淨收入函數，$v(q)$ 是支付給製造商的收益。於是製造商的利潤函數為：$\Pi = v(q) - Cq - F$。

於是渠道總利潤函數為：

$$\Pi + \pi = R(q) - Cq - F \tag{2.8}$$

渠道協作時希望渠道總利潤最大，於是（2.8）的一階條件為：

$$\frac{\partial(\Pi + \pi)}{\partial q} = \frac{dR(q)}{dq} - C = 0 \tag{2.9}$$

在實際中零售商自然也希望總利潤最大化，於是（2.8）的一階條件為：

$$\frac{\partial \pi}{\partial q} = \frac{dR(q)}{dq} - \frac{dv(q)}{dq} = 0 \tag{2.10}$$

只要製造商設計機制 $v(q)$ 能滿足（2.9）式和（2.10）式

相等，這樣就滿足最大化了零售商的利潤也就最大化了渠道總利潤。祖斯曼和艾加（1981）設計 $v(q)$ 為：

$$v(q) = \alpha + Cq \tag{2.11}$$

（2.11）顯然滿足條件，其中 α 是固定費用。這就是一種兩部分費用機制，簡單地說就是固定費用加提成機制。

2.3.4 幾種機制比較分析

渠道協作機制還包括以下幾種機制：特許機制，就是常說的特許經營，製造商從零售商的總收入中收取一部分特許費用；隱性理解機制是根據渠道成員的行為逐漸調整逐步實現最優；合同機制就是渠道成員簽訂可執行的合同共同實現渠道利潤最大化等。這些機制在不同渠道下，促使協作的力量是不同的。整合機制的確是一種好的機制，能減少渠道衝突，減少內耗，實現資源的合理應用。但也會出現另一個問題：渠道整合必然要付出成本，當這個成本大於整合帶來的額外利潤時，渠道成員就不會整合。並且渠道成員（一個企業）的資源是有限的，為了在激烈的市場競爭中獲得一席之地，必須要建立自己的核心競爭力。例如如果製造商更善於產品創新、善於用產品差異化來滿足顧客需要，那麼就可能採用專用分銷商去分銷他的產品。目前採用整合模式來實現渠道整合的企業非常少。吉蘭德和舒甘（1983）在提出數量折扣機制時，認為兩部分費用機制對製造商不一定接受。針對這個問題，麥圭爾和斯德林（1986）認為製造商願意接受特許零售商付出總利潤的一部分作為特許費。穆圭爾（1987）對此提出了批評意見。因此我們看到眾多的機制中，沒有哪一個機制能夠取得理論研究者和實踐者們觀點的統一，並且不同的機制具有不同的優劣性。導致這些不同結果的最根本原因來自於不同的基本假設。

2.4 協作帶來的好處——布洛克巴斯特公司 DVD 租賃營運模式的變革

在章前案例中，我們提出了一個案例——布洛克巴斯特公司 DVD 租賃困境。該公司的 DVD 租賃之所以出現困境是因為電影製片廠和布洛克巴斯特公司沒有改變支付方式，沒有相互協作。

但在 1998 年，由於布洛克巴斯特從根本上改變了支付方式從而解決了這個問題。它同意讓電影製片廠分享一部分租金費用，以換取比以前價格低得多的 VCD。運作方式是：假設供應商對每盤磁帶收費 9 元而不是 60 元，但能獲得 50% 的租金收入。那麼即使布洛克巴斯特每出租一張 VCD 僅獲得一半的收入或者 1.50 美元，在該協議下，若布洛克巴斯特仍以 3 美元的價格出租，則僅需 6 次就能收回成本。而且，布洛克巴斯特可以購買更多的 VCD 以滿足顧客的需求，再加上驚人的低成本，他可以獲得更高的利潤。購買數量的增多和新增的收入來源使供應商也獲利。不僅布洛克巴斯特和供應商受益，而且消費者也受益，如此的協作使得每個成員都高興。

新的交易關係對布洛克巴斯特的銷售起到了立竿見影的效果。在一年後，該公司的市場份額增加了 5% 左右，大致相當於兩個好萊塢娛樂零售商所占的市場份額，其收入超過了整個行業的平均水準。表 2.1 是協作前後決策變量和利潤的變化。

表 2.1　布洛克巴斯特公司協作前後決策變量和利潤的變化

零售商

	對抗型價格	協作型價格
購買數量	10	30
單價	60	9
購貨成本	600	270
出租數量	300	500
出租總收入	900	1,500
零售商收入	900	750
零售商利潤	300	480
盈利率	0.3	1.78

製造商

	對抗型價格	協作型價格
購買數量	10	30
單價	60	9
銷售收入	600	270
出租數量	300	500
出租總收入	900	1500
製造商出租收入	0	750
製造商總收入	600	1020
製造商總成本	100	300
製造商利潤	500	720

資料來源：GERARD P, CAEHONAND MARTIN A. Lareiere Turning the Supply Chain into a Revenue Chain [J]. Harvard Business Review, 2001, 79: 66-67.

表 2.1 反應了布洛克巴斯特公司與製造商（或稱供應商）簽署的一個運作模式——利潤分享機制。在競爭關係下，製造

商投入100美元獲得500美元，但在協作關係下，投入300美元可獲得720美元。在競爭關係下，零售商投入600美元僅獲得300美元，盈利率為0.5%，但在協作關係下，則投入270美元就可獲得48美元，盈利率為1.78%。

從以上的分析和實例可以看出，在行銷策略選擇中，通過良好的協作型的渠道關係，能夠擴大所有渠道成員的收益，對雙方都是有利的。

2.5　小結

作為市場行銷策略組合的四個基本策略（4P，即產品、價格、渠道和促銷）之一的渠道越來越引起行銷理論者們和行銷實踐者們的重視，特別是從核心競爭力的角度講，渠道優勢很難被複製模仿。本章先介紹了行銷渠道的多種定義，本書採用斯特恩和艾爾·安塞利冠以渠道的定義：行銷渠道是促使產品或服務順利地被使用或消費的一整套相互依存的組織。根據渠道的長度和寬度（寬度既包括製造商的寬度，又包括零售商的寬度），本書給出了六種渠道結構，進而分析了渠道協作的內涵及渠道協作的動因。分析認為渠道協作是渠道成員之間的協作，意指渠道成員為了共同及各自的目標而採取的共同且互利性的行動和所要表達的意願。渠道協作根源於渠道成員之間的相互依賴性。從管理的視角和從資源的視角看，協作意味著把自己內部的核心優勢與協作夥伴的獨特能力結合起來。協作會帶來協同效果，一般比不協作要好。建立良好的協作關係可以使協作方共享渠道信息、資源、技術、形象，獲得更多的渠道收益，帶來巨大的協同效應。最後我們進一步通過建立博弈模型分析

了幾種渠道結構的協作問題，結論表明從受益的角度看協作比不協作帶來的收益大。渠道成員有協作的動因。但是渠道成員容易偏離協作行為，有追求短期利潤的傾向，從而陷入「囚徒困境」，因此必要的協作機制是必不可少的。目前的協作機制有整合機制、數量折扣機制、兩部分費用機制、特許機制、隱性理解機制和合同機制等。

3
渠道成員的選擇和甄別

3.1 引言

「高素質」的渠道成員（包括製造商和零售商）是實現親密協作的基礎。皮格勒姆也強調渠道成員選擇的必要性。

對於這些製造商來說，分銷商的選擇是至關重要的，此時，製造商有機會獲得渠道的最大控制權，且有可能確保產品通過分銷商銷售成功（羅杰·皮格勒姆，1965）。

為了更好地選擇渠道成員，需要鑑別渠道成員的特性，在已有的研究中，評價渠道成員的特性，常常考察的指標有生產或經營的年數、經營的其他產品、成長和盈利記錄、償付能力、協作態度以及聲譽。對中間商而言，需要考察經銷其他產品的數量和特性、銷售力量的規模和素質等。

本章從另一個視角來研究渠道成員的選擇。任何兩個企業在達成協作關係之前，必然處於信息不對稱狀態。當製造商選擇零售商分銷他的產品時，零售商可能會隱藏自己的信息，也就是說零售商會出現逆向選擇問題。對這方面有一些研究，但已有的研究中忽略了另外一個現實，即隨著一些大型零售超市（家樂福、沃爾瑪、麥德龍等）的不斷壯大，他們的控制力越來越強，並不是任何製造商的產品都能進入他們的賣場。為了保證產品質量和獲得必要的利潤，他們也要對製造商進行必要的選擇和甄別，此時製造商為了順利進入賣場，必然也會隱藏自己的信息，這就是製造商的逆向選擇問題。如今對這方面的研究幾乎沒有。當然還有第三種情況：製造商和零售商都隱藏自己的信息，這就是所謂的雙向逆向選擇問題。

本書主要探討渠道成員的協作問題，那麼渠道成員的協作

精神就顯得特別重要。我們希望將這個作為決策變量引入到模型中，建立選擇和信息甄別模型，使具有「高素質」的、具有協作精神的渠道成員成為協作夥伴，而不與「低素質」的、不具有協作精神的渠道成員進行協作。

本章先簡要介紹逆向選擇理論和信息甄別理論，然後研究單邊逆向選擇問題（要麼製造商逆向選擇，要麼零售商逆向選擇），最後簡要分析雙邊逆向選擇問題。

3.2 逆向選擇和信息甄別原理簡介

3.2.1 逆向選擇理論（阿克洛克，1970；斯賓塞，1973）

1970年美國經濟學家阿克洛夫（1970）提出了著名的舊車市場模型，開創了逆向選擇理論的先河。在舊車市場上，高質量汽車被低質量汽車排擠到市場之外，市場上留下的只有低質量汽車。也就是說，高質量的汽車在競爭中失敗，市場選擇了低質量的汽車，這種現象叫逆向選擇（Adverse Selection）。

逆向選擇理論本質上是一種信息不對稱理論。逆向選擇產生的根源在於市場上的買主和賣主對商品質量掌握的信息不對稱。賣主知道自己產品的真實質量，而買主不知道，只知道商品的平均質量，於是也只願意根據平均質量支付價格。那麼賣主就不願意賣出質量高於平均質量的產品，從而使該類產品退出市場，而只願意成交質量低於平均質量的劣質品。如此下去，就出現「劣幣驅逐良幣」，整個市場會完全消失。這顯然不是帕累托最優狀態。而市場競爭就是要「良幣驅逐劣幣」，因此必須設計機制來解決這個矛盾問題，這就是逆向選擇要解決的問題。

逆向選擇主要解決怎樣將劣質產品驅除市場的問題。劣質

品在市場上能取代優質品，主要是因為：一是消費者不知道商品的真實質量；二是劣質品可以偽裝成優質品；三是消費者缺乏揭示產品真實質量的機制。為了解決這種情況，一是具有優質產品的賣主可以通過「信號傳遞」的方式讓買主瞭解商品的真實質量；二是買主可以通過「信息甄別」的方式揭示商品的真實質量。

一般地，在建立委託—代理關係之前，代理人事先已經掌握某些委託人不瞭解的信息；代理人利用這些信息選擇對自己有利的合同，而委託人由於信息劣勢在簽合同時處於不利的選擇位置；「高質量」的代理人被「低質量」的代理人排擠出局，與委託人簽合同的往往是「低質量」的代理人。這就是逆向選擇。

3.2.2 信息甄別機制原理（斯蒂格利茨和羅斯查爾德，1976）

在斯蒂格利茨和羅斯查爾德（1976）的經典論文《競爭性保險市場均衡：論不完全信息經濟學》中，他們提出了著名的「信息甄別」模型和兩個均衡——分離均衡和混合均衡。分離均衡是不同的人購買不同的保險；混合均衡是所有的人購買同種保險。投保人的風險狀況有好有壞，是投保人的私人信息，高風險的投保人可以冒充條件好的低風險的投保人。而保險公司只能根據平均狀況收取保費。於是條件好的投保人因為收取費用過高而退出市場，而接受保單的只是條件差的高風險客戶。保險公司也會預期到這種情況。如此下去，類似舊車市場、保險市場就會完全失靈。斯蒂格利茨和羅斯查爾德認為保險公司可以通過兩類不同保單將高風險客戶與低風險客戶甄別開來。低保險金對應低賠付比率的保單，高保險金對應高賠付比率的保單，於是發生事故率高的投保人就會買高保費保單，因為買

低保費保單是不合算的。發生事故率低的投保人就會買低保費保單，因為買高保費保單是不合算的。這樣就把兩類不同風險程度的投保人分離開來，實現了「分離均衡」。

3.3 零售商逆向選擇與雙邊逆向選擇問題

　　市場上大多數製造商對渠道具有一定的控制權。他們希望選擇好的零售商銷售產品，儘管可以通過調查和瞭解掌握被選零售商的經營情況，但這些力量畢竟是有限的，也就是說製造商不能完全瞭解零售商的類型。那麼製造商只有根據整個市場的情況來制定一個服務關係合同，合同會規定零售商給製造商的產品轉移價格或稱為批發價格、銷售模式、促銷模式等。顯然，具有較好的經營能力的零售商有更高的機會成本，因為它可以銷售其他同質產品。因此它可能會拒絕服務關係合同。相反，經營能力較差的零售商機會成本較小，非常願意接受這個合同。這就會出現渠道成員選擇的零售商逆向選擇問題。

　　在實踐中，一方面製造商有可能不會如實向眾多零售商介紹產品情況、不會如實向零售商說明產品的全國品牌投資和促銷情況，也就是說零售商不知道製造商的真實類型；另一方面，零售商的經營能力、資產狀況也不會如實向製造商陳述，就是說製造商也不知道作為零售商私人信息的零售商的真實類型。於是出現製造商和零售商相互「忽悠」的情況。這就是所謂的渠道成員「雙邊逆向選擇」。

3.4 渠道選擇的信息甄別問題

前面已經論述了渠道成員選擇的單邊逆向選擇和雙邊逆向選擇。儘管對製造商和零售商而言，有些變量是他們自己的私人信息，但是從理論上來講和從市場角度來看，都會存在一套甄別機制，可以使渠道成員對自己的私人信息進行揭示。

3.4.1 渠道成員選擇的單邊甄別問題

單邊逆向選擇包括製造商的逆向選擇和零售商的逆向選擇。由於兩種情況分析的原理一樣，因此本書主要分析零售商的逆向選擇問題。而製造商的逆向選擇的結論與零售商的逆向選擇結論類似。

「顯示原理（Revelation Principle）」簡單地說是指任何說假話的機制都可以被一個說真話的機制代替並得到相同的均衡結果。本節中，零售商的經營能力是零售商的私人信息。為了能銷售某個製造商的產品，取得製造商的信任，零售商可能說「假話」。這裡的「假話」有兩種，一種情況下零售商是低經營能力的卻謊稱自己是高經營能力的；另一種情況下零售商是高經營能力的卻謊稱自己是低經營能力的。於是下面希望對此進行博弈分析。

假定零售商市場只有一家製造商，製造商要選擇一個零售

商銷售產品①。零售商的保留效用為零。製造商的收益是銷售量 q 的函數，用 $\Pi(q)$ 表示，且有 $\Pi'(q) > 0$，$\Pi''(q) < 0$，$\Pi(0) = 0$，製造商的邊際成本為 C。仍然假定存在不同類型的兩類零售商，他們的差異體現在生產成本上。高能力零售商的生產成本為 $c_h = \underline{\theta}q$，低能力零售商的生產成本為 $c_l = \bar{\theta}q$，且 $0 < \underline{\theta} < \bar{\theta}$。我們看到，這裡零售商能力的差異表現為生產上不同的邊際成本，高能力零售商具有較低的邊際成本。當然，我們仍然假定零售商的類型是私人信息，製造商知道存在這樣兩類不同的零售商，也知道低能力零售商與高能力零售商的比例分別為 λ 和 $1-\lambda$（$0 \leqslant \lambda \leqslant 1$），但對於某個具體的零售商，製造商卻無法直接區分他的類型。兩類零售商的效用仍然由受益減去成本後的淨所得表示，即：

$$\pi_h = (p_h - w_h)q_h - c_h = (p_h - w_h)q_h - \underline{\theta}q_h \tag{3.1}$$

$$\pi_l = (p_l - w_l)q_l - c_l = (p_l - w_l)q_l - \bar{\theta}q_l \tag{3.2}$$

其中 p_i、w_i 是零售價格和批發價格，$i = h, l$。

3.4.1.1　完全信息最優契約

作為參照，我們先給出完全信息條件下製造商的最優契約的特點。

在完全信息條件下，製造商知道零售商的成本類型，也就是說，製造商根據銷售量就能夠計算出不同類型的零售商在該產出水準上花費的總的生產成本。作為壟斷的委託人（只有一個製造商），製造商當然希望零售商獲得更低的利潤，即讓零售商只獲得保留效用（零效用），於是 (3.1)(3.2) 變為：

$$(p_h - w_h)q_h - \underline{\theta}q_h = 0 \tag{3.3}$$

---

① 下列情況我們尚未研究：存在至少兩家以上生產同質產品的製造商，因而製造商之間存在對零售商的競爭。零售商按能力不同分為兩類，一類是高能力零售商，另一類是低能力零售商，製造商之間是相互競爭的，容易證明在最優的機制之下製造商也只能獲得零利潤。

$$(p_l - w_l)q_l - \bar{\theta}q_l = 0 \tag{3.4}$$

製造商從高能力與低能力兩類零售商身上獲得的淨利潤可以由以下兩式表示：

$$\Pi_h = (w_h - C_h)q_h \tag{3.5}$$

$$\Pi_l = (w_l - C_l)q_l \tag{3.6}$$

將 (3.3) (3.4) 帶入 (3.5) (3.6) 得到：

$$\Pi_h = (p_h - \underline{\theta} - C_h)q_h \tag{3.7}$$

$$\Pi_l = (p_l - \bar{\theta} - C_l)q_l \tag{3.8}$$

進一步假設零售價格 p_i 與銷售量 q_i 之間的關係為：

$$p_i = a - bq_i, \quad i = h, l \tag{3.9}$$

其中，a, b 是大於零的常數。

將 (3.9) 帶入 (3.7) (3.8) 得到：

$$\Pi_h = (a - bq_h - \underline{\theta} - C_h)q_h \tag{3.10}$$

$$\Pi_l = (a - bq_l - \bar{\theta} - C_l)q_l \tag{3.11}$$

關於 (3.10) (3.11) 很容易就能夠得到利潤最大化的一階條件，即：

$$q_h^* = \frac{a - \underline{\theta} - C_h}{2b} \tag{3.12}$$

$$q_l^* = \frac{a - \bar{\theta} - C_l}{2b} \tag{3.13}$$

如果是高能力零售商，製造商將要求他銷售 q_h^*；如果是低能力零售商，那麼製造商要求他銷售 q_l^*。因為 $0 < \underline{\theta} < \bar{\theta}$，$0 < C_h < C_l$，所以 q_h^* 大於 q_l^*，即製造商讓高能力零售商銷售更多的產品，這體現了能者多勞的思想。此時的最優銷售量 (q_h^*, q_l^*) 是帕累托最優銷售量。

3.4.1.2 不對稱信息下的最優契約

顯示原理告訴我們，為了尋找不對稱信息條件下的最優契約，我們只需要關注所有讓零售商說真話的機制。與對稱信息

時一樣，製造商需要為零售商制定契約來規定銷售量以及與之對應的批發價格。不失一般性地，假設此時工資契約要求經營能力強的零售商的銷售量為 q_h，批發價格為 w_h，要求經營能力差的零售商的銷售量為 q_l，批發價格為 w_l，讓兩類零售商都說真話意味著必須使經營能力強的零售商選擇銷售量 q_h 且批發價格為 w_h 時的效用高於選擇銷售量為 q_l，批發價格為 w_l 的零售商；對於經營能力差的零售商來說情況則剛好相反。這正是兩類零售商的激勵相容約束：

$$(p_h - w_h)q_h - c_h \geq (p_l - w_l)q_l - c_l$$

$$(p_l - w_l)q_l - c_l \geq (p_l - w_l)q_l - \bar{\theta}q_h$$

將成本帶入有：

$$(p_h - w_h)q_h - \underline{\theta}q_h \geq (p_l - w_l)q_l - \bar{\theta}q_l \tag{3.14}$$

$$(p_l - w_l)q_l - \bar{\theta}q_l \geq (p_l - w_l)q_l - \bar{\theta}q_h \tag{3.15}$$

此外，為了讓兩類零售商都願意接受契約，每個零售商至少需要獲得保留效用，這就是兩類零售商的參與約束，即：

$$(p_h - w_h)q_h - \underline{\theta}q_h \geq 0 \tag{3.16}$$

$$(p_l - w_l)q_l - \bar{\theta}q_l \geq 0 \tag{3.17}$$

我們只考慮兩類零售商都會銷售製造商的產品被雇用且 $q_h > q_l$ 的分離均衡情形。四個約束式中，(3.14) 和 (3.16) 式不會同時成立大於號，即上述兩式中會有一個約束起作用，同樣 (3.15) 和 (3.17) 中也會有一個約束有效（即不等式剛好取等號）（張維迎，1996；陳釗，2005）。由 (3.14) 和 (3.15) 式以及 $0 < \underline{\theta} < \bar{\theta}$ 可知：

$$(p_h - w_h)q_h - \underline{\theta}q_h \geq (p_l - w_l)q_l - \underline{\theta}q_l > (p_l - w_l)q_l - \bar{\theta}q_l \tag{3.18}$$

因此，(3.14) 式就足以保證 (3.16) 式成立，即 (3.14) 更為嚴格，所以經營能力強的零售商的激勵相容約束起作用，因而有：

$$(p_h - w_h)q_h - \underline{\theta}q_h = (p_l - w_l)q_l - \underline{\theta}q_l \qquad (3.19)$$

也就是說，為了讓經營能力強的零售商放棄偽裝成經營能力差的零售商以獲得額外效用的打算，製造商必須讓經營能力強的零售商說真話（選擇針對經營能力強的零售商制定的銷量、批發價格）時獲得的效用足夠高於說假話（選擇針對經營能力差的零售商制定的銷量、批發價格）時的效用。當然，理性的製造商會讓這個差距盡可能小，即讓（3.14）式的等號剛好成立，從而我們得到（3.19）式。此時經營能力強的零售商處於是否偽裝的臨界狀態。

此外，在這裡經營能力差的零售商不會試圖偽裝成經營能力強的零售商，因此（3.15）式的約束並不起作用，這樣，（3.17）式的等號約束起作用，我們有：

$$(p_l - w_l)q_l - \bar{\theta}q_l = 0 \qquad (3.20)$$

因為製造商最大化的期望利潤函數為：

$$\max_{q_h,q_l} \lambda(w_h - C_h)q_h + (1-\lambda)(w_l - C_l)q_l$$

根據（3.19）和（3.20）式，把 $w_l = p_l - \bar{\theta}$ 和 $w_h = \dfrac{(a-bq_h)q_h - \underline{\theta}q_h - \bar{\theta}q_l + \underline{\theta}q_l}{q_h}$ 代入製造商的利潤函數，於是製造商的最優化問題可表示為：

$$\max_{q_h,q_l} \lambda[(a-bq_h)q_h - \underline{\theta}q_h - \bar{\theta}q_l + \underline{\theta}q_l - C_h] + (1-\lambda)(p_l - \bar{\theta} - C_l)q_l \qquad (3.21)$$

將（3.9）帶入（3.21）得：

$$\max_{q_h,q_l} \lambda[(a-bq_h)q_h - \underline{\theta}q_h - \bar{\theta}q_l + \underline{\theta}q_l - C_h q_h] + (1-\lambda)(a - bq_l - \bar{\theta} - C_l)q_l$$

關於 q_h, q_l 的一階條件為：

$$q_h^{**} = \frac{a - \underline{\theta} - C_h}{2b} \qquad (3.22)$$

$$q_l^{**} = \frac{a-\bar{\theta}-C_l}{2b} + \frac{\lambda(\theta-\bar{\theta})}{(1-\lambda)2b} \qquad (3.23)$$

3.4.1.3 完全信息與不對稱信息下的最優契約比較分析

比較（3.12）（3.13）（3.22）（3.23），從而有 $q_h^* = q_h^{**} = \frac{a-\underline{\theta}-C_h}{2b}$。因為 $q_l^{**} = \frac{a-\bar{\theta}-C_l}{2b} + \frac{\lambda(\theta-\bar{\theta})}{(1-\lambda)2b}$ 中的 $0 \leq \lambda \leq 1$，$\underline{\theta}-\bar{\theta}<0$，所以 $\frac{a-\bar{\theta}-C_l}{2b} = q_l^* > q_l^{**} = \frac{a-\bar{\theta}-C_l}{2b} + \frac{\lambda(\theta-\bar{\theta})}{(1-\lambda)2b}$。於是得到結論 3.1。

結論 3.1：與完全信息情形相比，在不對稱信息情況下製造商對經營能力強的零售商的銷售量要求並無變化，但要求經營能力差的零售商生產低於帕累托最優水準的銷售量。

結論 3.1 的直觀意義是明顯的①。在信息不對稱條件下，當零售商的經營能力不可觀察時，利用顯示原理可以從所有零售商說真話的機制中找到最優機制。製造商面臨的問題就是要給出一份最優的銷售量和與之對應的批發價格的「菜單」供零售商選擇。為了讓兩類零售商都說真話，製造商制定的「菜單」（規定了銷售量與批發價格的對應關係）必須使每類零售商都認識到說真話帶來的收益不小於說假話帶來的收益。

在這個甄別機制設計過程中，製造商需要考慮的是如何防止經營能力強的零售商偽裝成經營能力差的零售商而不是相反。這是因為，給定任何一個銷售量與批發價格的組合 (q_i, w_i)，$i=h,l$，經營能力強的零售商應該選樣組合 (q_h, w_h)，也就是說以批發價格 w_h 進貨，努力銷售 q_h 單位獲得的利潤一定高於經營能力差的零售商獲得的利潤。因為經營能力強的零售商銷

---

① 陳釗. 信息與激勵經濟學 [M]. 上海：上海三聯書店, 2005. 作者參見了該書的 147-148 頁，但研究的實際問題不一樣。在此向陳釗教授表示感謝。

售產品經營能力較強,和經營能力差的零售商相比,銷售同樣單位的產品付出的成本要低。經營能力差的零售商銷售同樣單位的產品付出的成本要高於經營能力強的零售商。

將(3.19)(3.20)代入(3.1)(3.2)得到:

$\Delta \pi = \pi_h - \pi_l = (\bar{\theta} - \underline{\theta})q_l$

因此給定任何一個批發價格與銷售量的組合(q_i, w_i),經營能力差的零售商選擇銷售量(q_h, w_h)進行銷售所能實現的利潤一定低於經營能力強的利潤,差距是$(\bar{\theta} - \underline{\theta})q_l$。

在完全信息條件下,兩類零售商都只能獲得保留利潤(零利潤)。製造商希望給零售商的批發價格越小越好,但是為了讓兩類零售商都願意接受契約,至少需要讓他們得到保留利潤(零效用)。我們已經知道,經營能力強的零售商總是能夠通過偽裝而獲得比經營能力差的零售商更高的利潤,因此追求利潤最大化的製造商一定會只讓經營能力差的零售商獲得零效用並且不必擔心經營能力強的零售商不願意接受契約。在經營能力差的零售商始終只獲得零利潤的情況下,偽裝給經營能力強的零售商帶來的額外利潤是$\Delta \pi = (\bar{\theta} - \underline{\theta})q_l$。為了讓經營能力強的零售商說真話,製造商至少需要給他相當$\Delta \pi = (\bar{\theta} - \underline{\theta})q_l$的額外支付。

因此,製造商最優的銷售量與批發價格的組合(q_i, w_i),$i = h, l$。應當滿足:

$(p_l - w_l)q_l - \bar{\theta}q_l = 0$

$w_h q_h = \underline{\theta} q_h + (\bar{\theta} - \underline{\theta})q_l$

此時,經營能力強的零售商就有兩種選擇,一種選擇是偽裝成經營能力差的零售商,從而「偷偷地」得到$(\bar{\theta} - \underline{\theta})q_l$;另一種選擇是銷售量$q_h$(這相當於同製造商報告自己的真實類型),獲得批發價格w_h,這樣經營能力強的零售商同樣能夠得到額外的$(\bar{\theta} - \underline{\theta})q_l$。與前面相類似,我們假定此時經營能力強

的零售商總是選擇後者。也就是說，為了讓經營能力強的零售商願意說真話，製造商必須向他提供一定的信息租金 ($\bar{\theta}-\underline{\theta})q_l$，這是對經營能力強的零售商掌握私人信息的一種回報。該信息租金的多少取決於兩個方面，一方面是兩類零售商生產的邊際成本的差異 ($\bar{\theta}-\underline{\theta}$)，這是由外生變量給定的；另一方面是製造商對經營能力差的零售商的銷售量要求 q_l，這是可以由製造商來確定的一個內生變量。

與完全信息情形相比，現在製造商最優化問題中的權衡關係發生了根本性的改變。在完全信息情形下，製造商能夠區分兩類零售商，沒有不對稱信息問題。此時，製造商的最優化問題就是根據生產的邊際收益與邊際成本進行權衡，當兩者相等時，製造商便做到了利潤最大化。此時對兩類零售商最優的銷售量要求分別是 $q_h^* = \dfrac{a-\underline{\theta}-C_h}{2b}$ 與 $q_l^* = \dfrac{a-\bar{\theta}-C_l}{2b}$。由於上述信息租金 ($\bar{\theta}-\underline{\theta})q_l$ 的多少與經營能力強的零售商的銷售量 q_h 無關，所以此處製造商在決定對經營能力強的零售商的銷售量要求時對邊際收益與邊際成本的權衡並沒有發生變化，也就是說，在不對稱信息情形下，對經營能力強的零售商的最優銷售量要求 q_h^{**} 等於 q_h^*。

在不對稱信息情形下，製造商要支付信息租金 ($\bar{\theta}-\underline{\theta})q_l$。於是，在決定經營能力差的零售商的最優銷售量時，製造商必須考慮該銷售量變動對總成本的全部的邊際影響，這包括兩部分，其中一部分是原來就存在的經營能力差的零售商的邊際成本（即 $\bar{\theta}$），另一部分則是 q_l 增加對信息租金支付量提高的邊際影響，即 ($\bar{\theta}-\underline{\theta}$)。這樣一來，如果銷售量還是原來的 $q_l^* = \dfrac{a-\bar{\theta}-C_l}{2b}$，那麼邊際收益就會小於總的邊際成本，為了使兩者重新相等，製造商就需要調低對經營能力差的零售商的銷售量

要求。所以，在不對稱信息情形下，對經營能力差的零售商的最優銷售量要求 q_l^{**} 小於 q_l^*。

3.4.2 渠道成員選擇的雙邊甄別問題

前面分析了製造商具有信息劣勢時，為了選擇說真話的零售商，製造商需要設計不同類型的關係合約。零售商根據給出的 (q_i, w_i)，$i = h, l$ 進行選擇。也就是說，雙方都能知道不同情況下的銷售量和與之對應的批發價格。下面我們進一步分析雙邊逆向選擇的甄別問題。如果零售商對製造商的類型也不完全清楚時，情況又會怎樣？當製造商的類型未知時，零售商也要適當地選擇製造商給出的批發價格。那麼製造商的激勵相容約束。

$$w_h q_h - C_h \geq w_l q_l - C_l$$

$$w_l q_l - C_l \geq w_l q_l - \bar{\tau} q_h$$

即 $w_h q_h - \underline{\tau} q_h \geq w_l q_l - \bar{\tau} q_l$ （3.24）

$w_l q_l - \bar{\tau} q_l \geq w_l q_l - \bar{\tau} q_h$ （3.25）

將（3.22）（3.23）帶入（3.24）（3.25）有：

$$(w_h - \underline{\tau}) \frac{a - \underline{\theta} - C_h}{2b} \geq (w_l - \bar{\tau})(\frac{a - \bar{\theta} - C_l}{2b} + \frac{\lambda(\underline{\theta} - \bar{\theta})}{(1-\lambda)2b})$$

（3.26）

$$(w_l - \bar{\tau})(\frac{a - \bar{\theta} - C_l}{2b} + \frac{\lambda(\underline{\theta} - \bar{\theta})}{(1-\lambda)2b}) \geq w_l(\frac{a - \bar{\theta} - C_l}{2b} + \frac{\lambda(\underline{\theta} - \bar{\theta})}{(1-\lambda)2b}) - \frac{\bar{\tau}(a - \underline{\theta} - C_h)}{2b}$$

（3.27）

適當選取 w_h，w_l 能滿足（3.26）（3.27），也就是說不分開高能力的零售商和低能力的零售商時，製造商不存在逆向選擇問題。

另一方面，製造商在生產情況確定前，也就是說在製造商

的邊際成本和批發價格確定前，如果製造商通過必要的機制能夠分辨出零售商的類型，把經營能力強的零售商歸為「優質」的零售商類型，把經營能力差的零售商歸為「低質」的零售商類型，並且不同類型的零售商自己選自己的行銷努力程度和零售價格，這時的製造商逆向選擇激勵約束就可由不同類型的零售商逆向選擇激勵約束代替，進一步通過適當的機制可以解決製造商逆向選擇，最終實現製造商和零售商的目標一致。

3.5 基於協作和非協作類型渠道成員選擇的信息甄別問題

在上節分析中，我們探討了渠道成員的選擇與甄別問題，建模時主要涉及製造商和零售商的兩種類型，此處的類型主要是從「產品」的角度出發。而我們更希望從渠道成員的「素質」加以選擇。其實，作為博弈方的製造商，他更希望協作，而不希望建立起一套嚴格完善的管理監督機制來監督管理零售商，因為嚴格的監督機制會讓製造商付出成本，有時成本還很高。而對零售商而言，即使零售商不努力銷售製造商的產品卻也能通過銷售其他產品來獲得收益，既然如此，那麼為什麼不偷懶呢？於是製造商也只有千方百計設計一些機制讓零售商不偷懶。實證研究表明這些機制的作用是有限的。與其進行非常困難的事後控制，不如事前努力控制，也就是說為什麼不在員工的甄別上多用一些功夫呢？一些著名企業已經這樣做了。例如微軟公司（Microsoft）為招聘 2,000 名新員工，需要審閱 12 萬份個人簡歷、舉行 7,400 次面試、訪問 130 所大學。如果甄別到的渠道成員富有協作精神，那他們便更容易走向協作，改善

雙方的收益。因此要有較好的銷售業績，既要加強渠道成員的篩選工作，同時也要加強形成渠道關係的管理和監督。於是本節對甄別、監督以及渠道成員的協作類型等方面進行研究，建立渠道成員甄別模型和監督機制模型。

3.5.1 具有甄別和監督機制的模型分析（向文彬，2010）

3.5.1.1 模型基本假設[①]與說明

為了建模的方便，我們先做如下基本前提假設：

（1）（渠道結構的假定）本節研究的渠道由一個製造商（Manufacture）和一個零售商（Retailer）組成[②]，且兩者都是風險中性的。

（2）市場上的零售商分佈在 [0，1] 區間上，具有協作精神的零售商的比例為 $\beta, 0 \leq \beta \leq \frac{1}{2}$，為了建模方便，進一步假設比例為 $\beta, 0 \leq \beta \leq 1$ 的協作型零售商的協作能力係數也為 β，$0 \leq \beta \leq 1$。

這樣假設的原因可以理解為當具有協作精神的零售商的比例越大，零售商競爭越大，因此他就會更願意協作，與之對應

[①] 關於本書的假設，在此做一個說明。本書的假設實際上就是建立模型的基本前提、基本假定，國內外都習慣稱之為「假設」。這與一般的實證研究的假設不一樣，實證研究提出的假設要通過實證數據證明，而我們的研究假設是前提，不需要證明。

[②] 關於渠道結構的假設，我們採用了渠道研究專家舒甘（1983，1986），穆圭爾（1987，1997），斯特林（1983）等的研究假設。渠道成員一般包括製造商、商人中間商、代理中間商、輔助商以及最終消費者。隨著市場競爭的加劇，為了更快地對消費者的需求做出反應，要求渠道更加扁平化。很多製造商的產品都是通過零售商直接面對消費者，也就是說採用製造商—零售商—消費者這種模式運作。我們模型的博弈方是：製造商、零售商和消費者。儘管一些行業的產品例如普通消費品不滿足這種模式，需要通過製造商—批發商—零售商—消費者的模式運作，但這只會增加模型的複雜度，不會影響我們的分析方法。因此本書所研究的渠道成員主要指製造商、零售商之間的協作。

的是協作能力就越強，也就是說 β 越大。另外假設 $0 \leq \beta \leq \frac{1}{2}$ 的原因是如果市場上具有協作精神的零售商大於市場容量的一半，一般來講，不需要過多甄別，製造商也會願意。而當市場上具有協作精神的零售商小於市場容量的一半，製造商才值得去甄別。

（3）（零售商銷售水準假定）零售商的銷售努力水準為 e，努力負效用為 $\frac{1}{2}(1-\beta)e^2$。

這個假設說明協作能力系數 β 越大，$1-\beta$ 越小，付出同樣努力 e 的成本就越小。協作能力系數 β 越小，$1-\beta$ 越大，付出同樣努力 e 的成本就越大。

（4）（價格假定）製造商的批發價格為 w，零售商的零售價格為 p。

（5）（甄別假定）製造商需要對零售商甄別，設甄別力度為 $v, 0 \leq v \leq 1$，v 表示將協作精神的零售商選擇為渠道成員。

根據前面假設，得圖3.1。

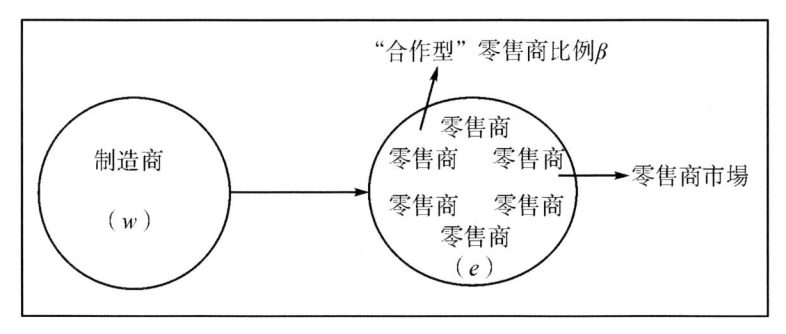

圖3.1 渠道結構

（6）製造商選擇的零售商可能有兩種，一種是把具有協作精神的零售商（比例為 β）選擇為渠道成員，假設這種類型的甄別成本為零；另一種是具有非協作精神的零售商（比例為

$1-\beta$)，製造商採用甄別力度 $v, 0 \leqslant v \leqslant 1$，選擇為渠道關係成員，其成本為：$\frac{1}{2}[(1-\beta)v]^2$。

選擇和甄別成本設為 $\frac{1}{2}[(1-\beta)v]^2$，滿足一階條件不小於零，二階條件不小於零。

(7)（銷售量不確定性假定）當零售商付出努力水準 e 時，受隨機因素的影響，其銷售量為 $q = 1 - p + \beta e + (1-\beta)v + \theta$，其中 θ 代表不可控制的隨機因素，且 $\theta \sim N(0, \sigma^2)$。

(7) 的合理性是因為當製造商付出甄別力度 v，對銷量有正的影響，而對零售價格顯然是負的影響。為了計算的方便不妨假設為上面的線性關係，同時協作能力系數 β 有相應影響。

3.5.1.2 基於甄別的模型建立與求解

根據前面的假設，只考慮製造商的甄別（Screening），本節下標用 S 標記時，銷售量變為 $q = 1 - p + \beta e + (1-\beta)v + \theta$；零售商付出努力水準 e 時，獲得的利潤為：

$$(p-w)[1 - p + \beta e + (1-\beta)v + \theta] - \frac{1}{2}(1-\beta)e^2$$

其期望利潤為：

$$\pi = (p-w)[1 - p + \beta e + (1-\beta)v] - \frac{1}{2}(1-\beta)e^2$$

零售商必然會選擇努力水準 e 和零售價格 p 使得期望利潤最大化，即：

$$\max_{e,p}(p-w)[1 - p + \beta e + (1-\beta)v] - \frac{1}{2}(1-\beta)e^2$$

於是上式關於努力 e 和零售價格 p 的一階條件為：

$$e_S^* = \frac{\beta + \beta(1-\beta)v - \beta w}{2 - 2\beta - \beta^2}$$

$$p_S^* = \frac{(1-\beta) + (1-\beta)^2 v + (1-\beta-\beta^2)w}{2 - 2\beta - \beta^2}$$

由上式得出結論3.2。

結論3.2：在簡單渠道關係中，製造商的甄別力度越大，零售商的努力水準越高。

對製造商而言，其收入是 $qw = [1 - p + \beta e + (1-\beta)v + \theta]w$，淨收入為收入減去甄別成本，於是期望收益為：$\Pi = [1 - p + \beta e + (1-\beta)v]w - \frac{1}{2}[(1-\beta)v]^2$，製造商會選擇批發價格和甄別力度使得期望利潤最大化，即：

$$\max_{w\,v}[1 - p + \beta e + (1-\beta)v]w - \frac{1}{2}[(1-\beta)v]^2$$

綜上得到模型（Ⅰ）：

$$\max_{w\,v}[1 - p + \beta e + (1-\beta)v]w - \frac{1}{2}[(1-\beta)v]^2 \qquad (3.28)$$

$$ST: e_S^* = \frac{\beta + \beta(1-\beta)v - \beta w}{2 - 2\beta - \beta^2} \qquad (3.29)$$

$$p_S^* = \frac{(1-\beta) + (1-\beta)^2 v + (1-\beta-\beta^2)w}{2 - 2\beta - \beta^2} \qquad (3.30)$$

將（3.29）式（3.30）式帶入（3.28）式得到：

$$\max_{w\,v}\left[w + \frac{\beta^2 w - (1-\beta)w + (1-\beta)^2 vw - (1-\beta)w^2}{2 - 2\beta - \beta^2}\right] - \frac{1}{2}[(1-\beta)v]^2 \qquad (3.31)$$

（3.31）式關於批發價格 w 和監督力度 v 的一階條件分別為：

$$w = \frac{1 + (1-\beta)v}{2} \text{ 和 } \frac{w}{2 - 2\beta - \beta^2} - v = 0$$

解得最優批發價格 w_S^* 和最優監督力度 v_S^* 為：

$$w_S^* = \frac{2 - 2\beta - \beta^2}{3 - 3\beta - 2\beta^2}, \ v_S^* = \frac{1}{3 - 3\beta - 2\beta^2} \qquad (3.32)$$

將製造商的最優決策（3.32）代入零售商的最優決策得到：

$$e_S^* = \frac{\beta}{3 - 3\beta - 2\beta^2}$$

$$p_S^* = \frac{3 - 3\beta - \beta^2}{3 - 3\beta - 2\beta^2}$$

進一步得出製造商和零售商的最優利潤為：

$$\Pi_S^* = \frac{1 - \beta}{2(3 - 3\beta - 2\beta^2)}$$

$$\pi_S^* = \frac{(1 - \beta)(2 - 2\beta - \beta^2)}{2(3 - 3\beta - 2\beta^2)^2}$$

3.5.1.3 基於完全不甄別的模型建立與求解

根據3.5.1.2節，製造商不甄別，銷售量變為 $q = a - p + \beta e + \theta$；模型（Ⅰ）變為模型（Ⅱ）。

$$\max_w (a - p + \beta e)w \qquad (3.33)$$

$$ST: e_N^* = \frac{\beta - \beta w}{2 - 2\beta - \beta^2}$$

$$p_N^* = \frac{(1 - \beta) + (1 - \beta - \beta^2)w}{2 - 2\beta - \beta^2} \qquad (3.34)$$

將（3.34）帶入（3.33）有：

$$\max_w \frac{(1 - \beta)w - (1 - \beta)w^2}{2 - 2\beta - \beta^2}$$，關於 w 的一階條件為：$w_N^* = \frac{1}{2}$，進一步有：

$$e_N^* = \frac{\beta}{2(2 - 2\beta - \beta^2)}$$

$$p_N^* = \frac{3 - 3\beta - \beta^2}{2(2 - 2\beta - \beta^2)}$$

於是製造商和零售商的最優利潤為：

$$\Pi_N^* = \frac{1 - \beta}{4(2 - 2\beta - \beta^2)}$$

$$\pi_N^* = \frac{1-\beta}{8(2-2\beta-\beta^2)}$$

3.5.1.4　基於完全甄別的模型建立與求解

製造商進行完全甄別（All Screening，以下簡記為 AS），因此 $v=1$，銷售量變為 $q = 1 - p + \beta e + (1-\beta) + \theta$；模型（Ⅰ）變為模型（Ⅲ）：

$$\max_w (2 - p + \beta e - \beta)w - \frac{1}{2}(1-\beta)^2 \quad (3.35)$$

$$ST: e^* = \frac{\beta - \beta w + \beta(1-\beta)}{2 - 2\beta - \beta^2}$$

$$p^* = \frac{(1-\beta) + (1-\beta-\beta^2)w + (1-\beta)^2}{2 - 2\beta - \beta^2} \quad (3.36)$$

將（3.36）帶入（3.35）有：

$$\max_w \frac{(1-\beta)w - (1-\beta)w^2 + (1-\beta)^2 w}{2 - 2\beta - \beta^2} - \frac{(1-\beta)^2}{2}$$

關於 w 的一階條件為：

$$w_{AS}^* = \frac{2-\beta}{2}$$

進一步得出零售商的最優決策是：

$$e_{AS}^* = \frac{(2-\beta)\beta}{2(2-2\beta-\beta^2)}$$

$$p_{AS}^* = \frac{(2-\beta)(3-3\beta-\beta^2)}{2(2-2\beta-\beta^2)}$$

製造商和零售商的最優利潤為：

$$\Pi_{AS}^* = \frac{(1-\beta)(2-\beta)^2}{4(2-2\beta-\beta^2)} - \frac{(1-\beta)^2}{2}$$

$$\pi_{AS}^* = \frac{(2-\beta)^2(1-\beta)}{8(2-2\beta-\beta^2)}$$

3.5.2 比較結果分析

前面通過建立模型分析了基於零售商協作精神或者協作能力的3個模型，在實際中，我們希望看到零售商的協作能力與製造商甄別力度之間的關係。本節具體探討他們之間的關係。前一節我們得到了一些結果，如表3.1所示。

表3.1 製造商和零售商最優決策和最優利潤比較結果

		完全不甄別	一般甄別	完全甄別
最優決策變量	e	$\dfrac{\beta}{2B}$	$\dfrac{\beta}{C-\beta^2}$	$\dfrac{(2-\beta)\beta}{2B}$
	p	$\dfrac{C}{2B}$	$\dfrac{C}{C-\beta^2}$	$\dfrac{(2-\beta)C}{2B}$
	w	$\dfrac{1}{2}$	$\dfrac{B}{C-\beta^2}$	$\dfrac{2-\beta}{2}$
	v	0	$\dfrac{1}{C-\beta^2}$	1
最優利潤	零售商利潤 π	$\dfrac{1-\beta}{8B}$	$\dfrac{(1-\beta)B}{2(C-\beta^2)^2}$	$\dfrac{(2-\beta)^2(1-\beta)}{8B}$
	製造商利潤 Π	$\dfrac{1-\beta}{4B}$	$\dfrac{1-\beta}{C-\beta^2}$	$\dfrac{(1-\beta)(2-\beta)^2}{4B} - \dfrac{1}{2}(1-\beta)^2$

其中：$B=2-2\beta-\beta^2$，$C=3-3\beta-\beta^2$，$D=2-\beta$，$E=(1-\beta)$

3.5.2.1 製造商和零售商最優決策變量的比較

從表3.1的第一行給出的三種情況下零售商的努力程度，我們得到結論3.3~3.7。

結論3.3：當製造商付出最大努力甄別零售商時，零售商付出的努力最大；如果製造商不甄別時，零售商付出的努力水準最小；而一般情況甄別時，零售商付出的努力水準介於兩者之間。

结论 3.3 的证明见本章附录 A。

结论 3.3 的直观意义说明甄别机制是有意义的，随着制造商甄别力度的增大，被选用为协作型零售商的可能性也在增大，而协作型零售商具有更好的协作精神，他会更加努力工作，或者说协作型零售商发生「道德风险」的可能性更小。

结论 3.4：当制造商付出最大努力甄别零售商时，最优零售价格最大；如果制造商不甄别时，最优零售价格最小；而一般情况甄别时，最优零售价格介于两者之间。

结论 3.4 的证明见本章附录 B。

结论 3.5：随着制造商甄别力度的增大，制造商的最优批发价格也增大。

结论 3.5 的证明见本章附录 C。

结论 3.5 的直观意义说明是很明显的，随着制造商甄别力度的加大，制造商付出的成本也在增大，加强甄别力度，也是为了获得更多的利润，因此必然会提高他的批发价格。

结论 3.6：当制造商付出最大努力甄别零售商时，零售商的最优利润最大；如果制造商不甄别时，零售商的最优利润最小；而一般情况甄别时，零售商的最优利润介于两者之间。

结论 3.6 的证明见本章附录 D。

结论 3.7：当制造商付出最大努力甄别零售商时，制造商的最优利润反而最小；如果制造一般甄别时，制造商的最优利润最大；而完全不甄别时，制造商的最优利润介于两者之间。

结论 3.7 的证明见本章附录 E。

结论 3.7 说明，制造商完全甄别时，其利润最低，主要是因为尽管完全甄别时提高了销售量，但较大的甄别成本抵消了甄别带来的额外利润。而一般甄别时给制造商带来的利润最多。这与现实是相符合的。例如，如果某个制造商花费了大量成本去甄别出市场上哪些零售商是协作型，哪些是非协作型，这时

其他的製造商就會「搭便車」，長期來講，完全甄別就不是最優策略。相反，一般甄別才是最好的策略。我們也看到市場上製造商不可能進行完全甄別，僅僅是盡量通過資料、以往的經營業績進行必要的選擇。關於這方面還可以通過建立非對稱信息的博弈模型加以研究。

3.5.2.2 協作型零售商比例（協作能力）對決策變量的影響

上一小節我們分析了製造商的甄別力度對雙方最優決策和利潤的影響，其原因是甄別力度的大小是由製造商控制的，而沒有將協作型零售商的比例作為變量加以研究，主要是認為這個比例是不受製造商控制的，但我們應該看到他的比例大小對製造商和零售商的決策有一定的影響。本節只討論模型（Ⅰ）的最優結果，模型（Ⅰ）能體現一般性。

結論 3.8：零售商的努力水準隨協作型零售商比例的增大而增大。

結論 3.8 成立是因為 $\frac{\partial e^*}{\partial \beta} = \frac{3 + 2\beta^2}{(3 - 3\beta - 2\beta^2)^2} > 0$。同時結論 3.8 的直觀意義很明顯。根據我們的假設，市場上協作型零售的比例越高，平均來講，由於市場競爭，零售商的協作能力也就越強，那麼他自然就會努力工作。

結論 3.9：零售商價格隨協作型零售商比例的增大而減小。

因為 $0 \leq \beta \leq \frac{1}{2}$，有 $\frac{\partial p^*}{\partial \beta} = \frac{3\beta(2 - \beta)}{(3 - 3\beta - 2\beta^2)} \geq 0$，所以該結論成立。結論 3.9 的實際意義很明顯，如果協作能力較大，渠道成員更容易實現較好的協作，協作時就會提高零售價格來獲得更多利潤，這與一般的結論是相同的。

結論 3.10：製造商批發價格隨協作型零售商比例的增大而增大。

結論 3.11：製造商和零售商的最優利潤隨協作型零售商比

例的增大而增大。

因為 $\dfrac{\partial w^*}{\partial \beta} = \dfrac{\beta(2-\beta)}{(3-3\beta-2\beta^2)^2} \geqslant 0$，同時當 $0 \leqslant \beta \leqslant \dfrac{1}{2}$ 時，

$\dfrac{(1-\beta)(2-2\beta-\beta^2)}{2(3-3\beta-2\beta^2)^2} \dfrac{\partial \pi^*}{\partial \beta} = \beta \dfrac{(10-15\beta)+(\beta^2+2\beta^3)}{2(3-3\beta-2\beta^2)^3} \geqslant 0$。

3.6 小結

渠道成員的選擇在渠道管理中是非常重要的，選擇好的渠道成員是實現渠道協作的前提。現在越來越多的製造商重視製造商與渠道成員的關係，有的甚至組成了戰略夥伴關係。渠道成員選擇將決定消費者需要的產品是否能及時、準確地轉移到消費者手中，從而分銷成本和顧客服務。因此，渠道成員如果選擇不當，可能會造成較大失誤；如果選擇得好，可以相互之間進行充分協作（王國才、王西鳳，2007）。關於渠道成員的選擇，更多的文獻主要集中在定性研究中，而定量研究較少。本章主要基於製造商和零售商信息不對稱這一重要特徵，應用逆向選擇理論和信息甄別理論進行了建模研究，結論表明：

（1）零售商的經營能力對製造商而言是信息不對稱的，在整個市場上，製造商預期到經營能力強的零售商不會接受這個服務關係合同，接受合同的是經營能力差的零售商。此時製造商心目中的零售商的經營能力就會下降，相應的也會對批發價格進行調整。如此循環下去，我們就會發現最終接受服務關係合同的零售商都是經營能力較差的零售商。

（2）當考慮雙邊逆向選擇時，經營能力強的零售商和好的製造商都不願意接受協作關係。相反，只有經營能力較差的製造商和零售商才接受這種協作關係。雙方都會預期到對方這種

行為，如此循環下去，市場均衡很快就達到失靈狀態。

（3）零售商的經營能力是零售商的私人信息，與完全信息情形相比，在不對稱信息情況下製造商對經營能力強的零售商的銷售量要求並無變化，但要求經營能力差的零售商的銷售量低於帕累托最優水準。

（4）當製造商付出最大努力甄別零售商時，零售商付出的努力最大；如果製造商不甄別時，零售商的努力水準最小；而一般情況甄別時，零售商付出的努力水準介於兩者之間。

（5）當製造商付出最大努力甄別零售商時，最優零售價格最大；如果製造商不甄別時，最優零售價格最小；而一般情況甄別時，最優零售價格介於兩者之間。

（6）隨著製造商甄別力度的增大，製造商的最優批發價格也增大。

（7）當製造商付出最大努力甄別零售商時，零售商的最優利潤最大；如果製造商不甄別時，零售商的最優利潤最小；而一般情況甄別時，零售商的最優利潤介於兩者之間。

（8）當製造商付出最大努力甄別零售商時，製造商的最優利潤反而最小；如果製造一般甄別時，製造商的最優利潤最大；而完全不甄別時，製造商的最優利潤介於兩者之間。

本章附錄：

附錄 A：結論 3.3 的證明。

即需證明不等關係 $\frac{\beta}{2B} \leq \frac{\beta}{C-\beta^2} \leq \frac{(2-\beta)\beta}{2B}$ 成立。只需進一步證明 $\frac{1}{2B} \leq \frac{1}{C-\beta^2} \leq \frac{2-\beta}{2B}$。因為 $0 \leq \beta \leq \frac{1}{2}$，所以 $2-\beta \geq 1$，於是 $\frac{1}{2B} \leq \frac{2-\beta}{2B}$。

因為 $\frac{1}{2B} = \frac{1}{2(2-2\beta-\beta^2)} = \frac{1}{(3-3\beta-2\beta^2)+(1-\beta)} \leq \frac{1}{3-3\beta-2\beta^2} = \frac{1}{C-\beta^2}$，於是有 $\frac{1}{2B} \leq \frac{1}{C-\beta^2}$。要證明 $\frac{1}{C-\beta^2} \leq \frac{2-\beta}{2B}$，需證明 $\frac{\frac{2-\beta}{2B}}{\frac{1}{C-\beta^2}} \geq 1$，而要證明 $\frac{\frac{2-\beta}{2B}}{\frac{1}{C-\beta^2}} = \frac{(C-\beta^2)(2-\beta)}{2B} = \frac{(3-3\beta-2\beta^2)(2-\beta)}{3-3\beta-2\beta^2+1-\beta} = \frac{1+1-\beta}{1+\frac{1-\beta}{(3-3\beta-2\beta^2)}} \geq 1$，只需證明 $1-\beta \geq \frac{1-\beta}{(3-3\beta-2\beta^2)}$。

因為 $1-\beta \geq \frac{1-\beta}{(3-3\beta-2\beta^2)}$ 成立的條件為 $-2 \leq \beta \leq \frac{1}{2}$，有前面假設 $0 \leq \beta \leq \frac{1}{2}$，不等式成立。

附錄 B：結論 3.4 的證明。

即需證明不等關係 $\frac{C}{2B} \leq \frac{C}{C-\beta^2} \leq \frac{(2-\beta)C}{2B}$ 成立。由於表的第一行的不等關係成立，觀察第一行和第二行，顯然具有相同的不等關係。

附錄 C：結論 3.5 的證明。

即需證明不等關係 $\frac{1}{2} \leq \frac{B}{C-\beta^2} \leq \frac{2-\beta}{2}$ 成立。即證 $\frac{1}{2} \leq \frac{2-2\beta-\beta^2}{3-3\beta-2\beta^2} \leq \frac{2-\beta}{2}$。先證 $\frac{1}{2} \leq \frac{2-2\beta-\beta^2}{3-3\beta-2\beta^2}$，因為 $\frac{\frac{2-2\beta-\beta^2}{3-3\beta-2\beta^2}}{\frac{1}{2}} = \frac{4-4\beta-2\beta^2}{3-3\beta-2\beta^2} \geq 1$，所以 $\frac{1}{2} \leq \frac{2-2\beta-\beta^2}{3-3\beta-2\beta^2}$ 成

立。再證 $\dfrac{2-2\beta-\beta^2}{3-3\beta-2\beta^2} \leqslant \dfrac{2-\beta}{2}$，因為 $\dfrac{2-\beta}{2} - \dfrac{2-2\beta-\beta^2}{3-3\beta-2\beta^2} = \dfrac{2-5\beta+\beta^2+2\beta^3}{2(3-3\beta-2\beta^2)}$，只需說明 $0 \leqslant \beta \leqslant \dfrac{1}{2}$ 時，分子 $y_1 = 2-5\beta+\beta^2+2\beta^3$，分母 $y_2 = 3-3\beta-2\beta^2$ 都大於零即可，利用 Matlab 軟件編程，畫出函數 y_1, y_2，如圖 3.2 所示，說明 y_1, y_2 都大於零，因此 $\dfrac{B}{C-\beta^2} \leqslant \dfrac{2-\beta}{2}$ 成立。

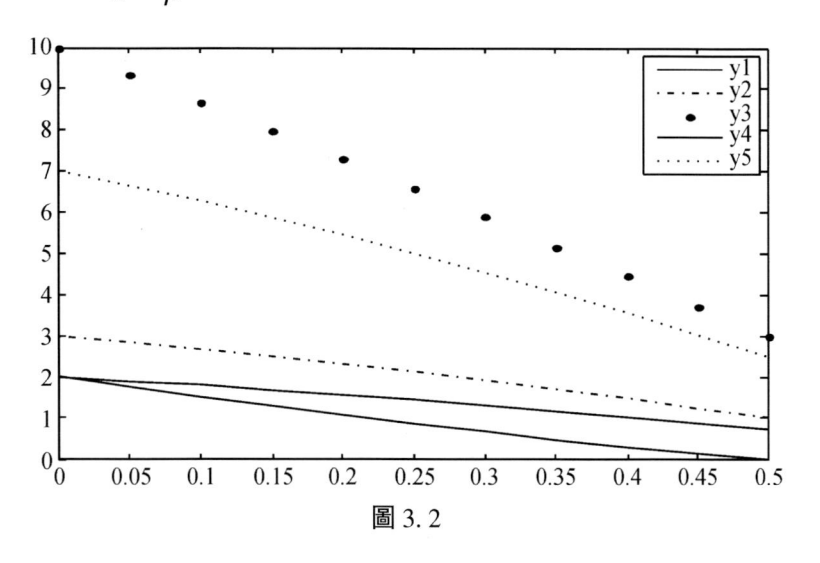

圖 3.2

附錄 D：結論 3.6 的證明。

即需證明不等關係 $\dfrac{1-\beta}{8B} \leqslant \dfrac{(1-\beta)B}{2(C-\beta^2)^2} \leqslant \dfrac{(2-\beta)^2(1-\beta)}{8B}$ 成立。即證 $\dfrac{1}{4(2-2\beta-\beta^2)} \leqslant \dfrac{2-2\beta-\beta^2}{(3-3\beta-2\beta^2)^2} \leqslant \dfrac{(2-\beta)^2}{4(2-2\beta-\beta^2)}$。先證 $\dfrac{2-2\beta-\beta^2}{(3-3\beta-2\beta^2)^2} \leqslant \dfrac{(2-\beta)^2}{4(2-2\beta-\beta^2)}$，因為 $\dfrac{(2-\beta)^2(3-3\beta-2\beta^2)^2 - 4(2-2\beta-\beta^2)^2}{4(2-2\beta-\beta^2)(3-3\beta-2\beta^2)^2} =$

$\dfrac{y_1(10-13\beta-3\beta^2+2\beta^3)}{4(2-2\beta-\beta^2)(y_2)^2}$，由上可知，除了 $y_3 = 10 - 13\beta - 3\beta^2 + 2\beta^3$，$y_4 = 2 - 2\beta - \beta^2$ 外，其他都大於零，函數 y_3，y_4 如圖 3.2，所以大於零。從而 $\dfrac{(1-\beta)B}{2(C-\beta^2)^2} \leqslant \dfrac{(2-\beta)^2(1-\beta)}{8B}$。再證 $\dfrac{2-2\beta-\beta^2}{(3-3\beta-2\beta^2)^2} - \dfrac{1}{4(2-2\beta-\beta^2)} = \dfrac{(7-7\beta-4\beta^2)(1-\beta)}{4(2-2\beta-\beta^2)(3-3\beta-2\beta^2)^2}$，令 $y_5 = 7 - 7\beta - 4\beta^2$，如圖 3.2，所以大於零。從而 $\dfrac{1-\beta}{8B} \leqslant \dfrac{(1-\beta)B}{2(C-\beta^2)^2}$。

附錄 E：結論 3.7 的證明。

即需證明不等關係：$\dfrac{(1-\beta)(2-\beta)^2}{4B} - \dfrac{1}{2}(1-\beta)^2 \leqslant \dfrac{1-\beta}{4B} \leqslant \dfrac{1-\beta}{C-\beta^2}$，即證 $\dfrac{(2-\beta)^2}{4B} - \dfrac{1}{2}(1-\beta) \leqslant \dfrac{1}{4B} \leqslant \dfrac{1}{C-\beta^2}$。先證 $\dfrac{1}{4B} \leqslant \dfrac{1}{C-\beta^2}$，因為 $\dfrac{1}{4B} - \dfrac{1}{C-\beta^2} = \dfrac{2\beta^2+5\beta-5}{4(2-2\beta-\beta^2)y_2}$，令 $y_6 = 2\beta^2 + 5\beta - 5$，利用 Matlab 軟件編程，畫出函數 y_6 如圖 3.3，因此 $\dfrac{1}{4B} - \dfrac{1}{C-\beta^2} \leqslant 0$，故 $\dfrac{1-\beta}{4B} \leqslant \dfrac{1-\beta}{C-\beta^2}$；下證 $\dfrac{(2-\beta)^2}{4B} - \dfrac{1}{2}(1-\beta) \leqslant \dfrac{1}{4B}$，因為 $\dfrac{(2-\beta)^2}{4B} - \dfrac{(1-\beta)}{2} - \dfrac{1}{4B} = \dfrac{12\beta-3\beta^2-4\beta^3-5}{4(2-2\beta-\beta^2)}$，$y_7 = 12\beta - 3\beta^2 - 4\beta^3 - 5$ 小於零（如圖 3.3 所示），於是 $\dfrac{(1-\beta)(2-\beta)^2}{4B} - \dfrac{1}{2}(1-\beta)^2 \leqslant \dfrac{1-\beta}{4B}$。

圖 3.3

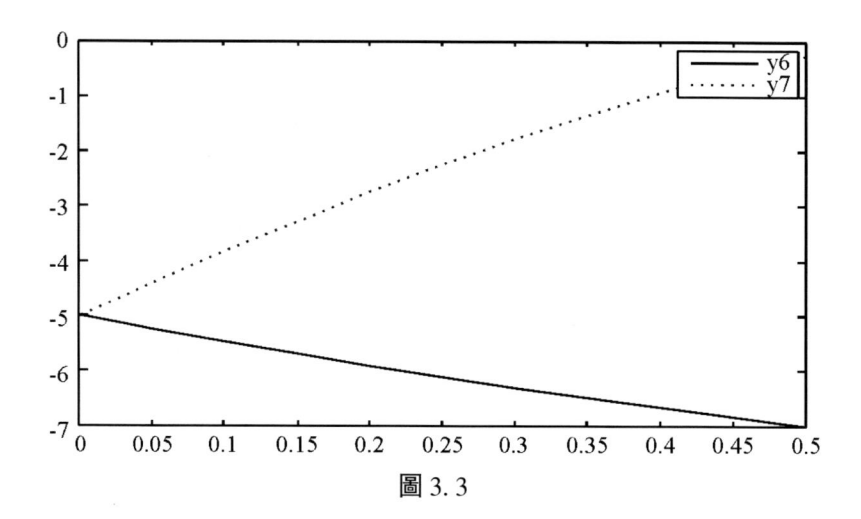

4
不同類型行銷努力下的渠道微分協作動態機制

第三章從定量和定性兩個方面研究認為渠道協作對製造商和所有渠道成員都有益，但實現協作是非常困難的，除非有必要的協作機制。目前國內外的協作機制有整合機制、數量折扣機制、兩部分費用機制、特許機制、隱性理解機制和合同機制等。這些機制的分析都是單期的決策，不能說明未來的行為對當期的影響。

本章希望繼續探討協作機制——動態協作機制。在分析方法上主要採用微分博弈[①]（Differential Games）方法。第一節研究一個製造商和一個零售商的動態決策；第二節研究渠道協作的實現；第三節考慮基於零售商長期性行銷努力激勵的分銷渠道動態微分決策；第四節是全章小結並指導行銷通路實踐。

4.1 基於零售商一種行銷努力下的渠道動態微分模型

從國內外關於渠道協作的研究成果可以看出，促使渠道成員長期協作是渠道管理者永遠追求的目標之一。然而遺憾的是，儘管有動態博弈分析，上述研究都是基於渠道成員單期決策，或者說是一種靜態決策進行的研究。事實上，在實踐中，我們發現當期的銷售量既受當期銷售決策的影響，也受渠道成員過去行銷決策的影響。例如製造商的品牌廣告會長期影響該產品的銷售量，會對製造商的產品聲譽（Goodwill）有累積效應。因此這是一種長期的動態關係，需要借助「控制理論」和「微分博弈」（Differential Games）加以研究。

[①] Differential Games 在國內通常被翻譯為「微分對策」，一些作者將其譯為「微分博弈」，本書為了統一，也將其譯為「微分博弈」。

4.1.1 符號、概念與基本假設

為了分析的方便，此處先給出下列符號、基本假設，並對一些概念做簡要地說明。

(1) 渠道由一個製造商（Manufacturer）、一個零售商（Retailer）組成。[①]

(2) 時間 $t \in [0, +\infty)$，製造商控制邊際利潤 $M(t)$ 和品牌投資 $B(t)$（例如廣告、公共關係、努力等），零售商控制自己的邊際利潤 $m(t)$ [②] 以及為了增加銷售量進行的銷售努力 $u(t)$（例如店內促銷、銷售努力等）。零售商的零售價格 $p(t)$ 為製造商的邊際利潤 $M(t)$ 和零售商的邊際利潤 $m(t)$ 之和。

$$p(t) = M(t) + m(t) \quad \text{[③]} \tag{4.1}$$

(3) 零售商的市場需求函數[④]為：

$$q(t) = u(t)(a - bp(t))\sqrt{G(t)} \tag{4.2}$$

$a > 0, b > 0$ 為常數，其中 $G(t)$ 是產品在時刻 $t \in [0, +\infty)$ 的聲譽累積（The Stock Of Band Goodwill）。本節採用 $q(t) = u(t)(a - bp(t))\sqrt{G(t)}$，一是反應了零售商的市場需求與自己的銷售努力 $u(t)$ 成正比關係；二是反應了市場需求與價格 $p(t)$

---

① 關於本書的假設，做一個說明。本書的假設實際上就是建立模型的基本前提、基本假定，國內外都習慣稱為「假設」。這與一般的實證研究的假設不一樣，實證研究提出的假設要通過實證數據證明，而我們的研究假設是前提，不需要證明。

② 零售商的決策變量用小寫字母表示，製造商的決策變量用大寫字母表示。

③ 一些文獻中的零售價格為製造商對零售商的轉移價格和零售商的加價，本書採用吉蘭德和舒甘（1983）的零售價格定義形式，即為兩個邊際利潤之和。

④ 關於需求函數目前採用的形式較多，如拉爾（1990），杜塔等（1994）採用了 R，德賽奧和穆圭爾採用了 M_2。我們的需求函數假設是 R_1 邊際遞減的形式進入需求函數，而努力變量又以線性的方式進入需求函數，這主要是採用喬根森等（2000a, 2000b），喬根森等（2001），喬格森等（2003a, 2003b）的假設形式。可以將努力變量以邊際遞減的方式進入需求函數，但會增加運算的複雜性，對結論影響不大。

成反比關係；三是反應了需求量與聲譽 $G(t)$ 同方向變化，採用 $\sqrt{G(t)}$ 說明聲譽 $G(t)$ 對需求量是邊際遞減的。同時也說明零售商只關心眼前的需求量，也就是他在時刻 $t \in [0, +\infty)$ 的行銷努力 $u(t)$ 只影響時刻 $t \in [0, +\infty)$ 的銷售量，不影響產品的聲譽 $G(t)$；而製造商更關心產品品牌的聲譽，因此製造商的品牌投資 $B(t)$ 不直接影響需求量，通過聲譽 $G(t)$ 間接影響需求量。

（4）由假設 3 可知，製造商的品牌投資 $B(t)$ 通過聲譽 $G(t)$ 間接影響需求量，聲譽 $G(t)$ 有自然衰減的特點，設其按指數規律隨時間 t 衰減，即按 $e^{-\psi t}$ 衰減，其中 ψ 為衰減系數，因此聲譽 $G(t)$ 的變化採用阿羅（1962）的狀態方程描述：

$$\frac{dG(t)}{dt} = B(t) - \psi G(t), G(0) = G_0 \geq 0 \qquad (4.3)$$

（5）製造商付出的品牌投資 $B(t)$ 的成本為：$\frac{1}{2}CB(t)^2$；零售商付出的銷售努力 $u(t)$ 的成本為：$\frac{1}{2}cu(t)^2$，其中 C,c 分別是製造商和零售商的成本系數，平方形式的成本函數保證了一階條件大於零，二階條件大於零。

4.1.2 行銷渠道多期動態博弈協作模型

在渠道中，製造商和零售商進行協作，先使渠道總利潤最大化，然後在渠道成員之間進行分配，我們假設製造商獲得總利潤為 α，$0 \leq \alpha \leq 1$，那麼零售商獲得總利潤的 $1 - \alpha$。

根據前面的假設和（4.1）（4.2）式，容易得到在 $t, t \in [0, +\infty)$ 內製造商的所有利潤貼現總和如下：

$$\Pi = \int_0^{+\infty} e^{-rt} \{ M(t)[(a - bp(t))u(t)\sqrt{G(t)}] - \frac{1}{2}cB(t)^2 \} dt \qquad (4.4)$$

零售商在 $t, t \in [0, +\infty)$ 內製造商的所有利潤貼現總和

如下：

$$\pi = \int_0^{+\infty} e^{-rt}[(p(t)-M(t))(a-bp(t))u(t)\sqrt{G(t)} - \frac{1}{2}cu(t)^2]dt \tag{4.5}$$

(4.4)(4.5) 式中的 e^{-rt} 為折現因子，r 是貼現率。

整合後總的渠道利潤為：

$$\Gamma^T = \int_0^{+\infty} e^{-rt}\{p(t)[(a-bp(t))u(t)\sqrt{G(t)}] - \frac{1}{2}CB(t)^2 - \frac{1}{2}cu(t)^2\}dt \tag{4.6}$$

由於 $p(t)$ 和 $u(t)$ 不在動態狀態方程 (4.3) 式中出現，於是 (4.6) 式關於 $p(t)$ 和 $u(t)$ 的兩個一階條件分別為：

$$\frac{\partial \Gamma^T}{\partial p(t)} = a - 2bp(t) = 0 \tag{4.7}$$

$$\frac{\partial \Gamma^T}{\partial u(t)} = p(t)[(a-bp(t))\sqrt{G(t)}] - cu(t) = 0 \tag{4.8}$$

由 (4.7)(4.8) 解得：

$$p(t) = \frac{a}{2b},\ u^{*T}(t) = \frac{a^2}{4bc}\sqrt{G^{*T}(t)} \tag{4.9}$$

要使 (4.6) 式取得最大值，還需求出 (4.6) 式關於 $B(t)$ 的一階條件。由於 $B(t)$ 隱含在 $G(t)$ 中，不能直接求偏導，需要先積分再求偏導，由於積分的特殊性，下面採用其他方法求出最優的 $B^{*T}(t)$。

目前求出最優的 $B^{*T}(t)$ 的理論方法有兩種（潘群儒，1993；袁嘉祖等，1993；蔣中一，2003）：一種是構造 Hamilton - Jacobi - Bell - man（HJB）方程；另一種是構造哈密爾頓函數。

下面構造現值哈密爾頓函數求最優的 $B^{*T}(t)$。(4.6) 式的現值哈密爾頓函數為：

$$H = e^{-rt}\{[p(t)u(t)(a-bp(t))\sqrt{G(t)}] - \frac{1}{2}CB(t)^2 -$$

$$\frac{1}{2}cu(t)^2\} + \lambda[B(t) - \psi G(t)] \tag{4.10}$$

於是修正的現值哈密爾頓函數為：

$$H' = [p(t)u(t)(a - bp(t))\sqrt{G(t)}] - \frac{1}{2}CB(t)^2 - \frac{1}{2}cu(t)^2 + h[B(t) - \psi G(t)] \tag{4.11}$$

其中 $h = \lambda e^{rt}$，將（4.9）代入（4.11）有：

$$H' = \frac{a^4}{32b^2c}G^{*T}(t) - \frac{1}{2}CB(t)^2 + h[B(t) - \psi G^{*T}(t)] \tag{4.12}$$

根據修正的最大值原理（蔣中一，2003），最優解滿足必要條件為：

①狀態方程及初始條件：

$$\frac{dG(t)}{dt} = B(t) - \psi G(t), \ G(0) = G_0 \geqslant 0 \tag{4.3}$$

②乘子方程：

$$\frac{\partial h}{\partial t} = rh - \frac{\partial H'}{\partial G} = rh + h\psi - \frac{a^4}{32b^2c} \tag{4.13}$$

③最優方程：

$$\frac{\partial H'}{\partial B(t)} = -CB(t) + h = 0 \tag{4.14}$$

④橫截條件：

$$h(+\infty)e^{-r\infty} = \lambda(+\infty) = 0 \tag{4.15}$$

聯合（4.3）（4.13）（4.14）（4.15）式解得：

$$B^{*T}(t) = \frac{a^4}{32b^2Cc(r + \psi)}$$

$$G^{*T}(t) = (G_0 - \frac{a^4}{32b^2(r + \psi)\psi Cc})e^{-\delta t} + \frac{a^4}{32b^2(r + \psi)\psi Cc}$$

通過上面的分析，得到命題4.1。

命題4.1：在整合的行銷渠道中，最優零售價格、最優銷售

投資、製造商的最優品牌性投資和最優聲譽分別為：

$$p(t) = \frac{a}{2b} \tag{4.16}$$

$$u^{*T}(t) = \frac{a^2}{4bc}\sqrt{G^{*T}(t)} \tag{4.17}$$

$$B^{*T}(t) = \frac{a^4}{32b^2(r+\psi)cC} \tag{4.18}$$

$$G^{*T}(t) = \left(G_0 - \frac{a^4}{32b^2(r+\psi)\psi cC}\right)e^{-\psi t} + \frac{a^4}{32b^2(r+\psi)\psi cC} \tag{4.19}$$

從命題4.1中的（4.16）式看出在整合中企業的零售價格與時間、產品的聲譽無關；而零售商的行銷努力隨著產品聲譽的增大而增大，但增加的速度越來越小；製造商的品牌投資與時間無關，說明企業的品牌投資是一個固定的量。而（4.19）式的聲譽在後面比較分析。

4.1.3 製造商與零售商的行銷渠道多期動態非協作博弈分析

上一節分析了渠道協作情況，下面分析非協作情況，在實踐中渠道成員更多地表現為動態非協作關係，這種非協作關係常有：靜態博弈（簡記為 N）、製造商領導的斯塔克爾博格博弈（簡記為 MS），零售商領導的斯塔克爾博格博弈（簡記為 RS），下面分別進行分析。

4.1.3.1 製造商與零售商靜態多期博弈分析

這種渠道關係下，製造商和零售商同時決策，使自己的利潤最大化，因此只需要分別求出（4.4）（4.5）的一階條件。類似上節分析 $M(t)$, $m(t)$ 和 $u(t)$，$M(t)$, $m(t)$ 和 $u(t)$ 不在動態狀態方程（4.3）式中出現，於是（4.4）式關於 $M(t)$ 一階條件為：

$$\frac{\partial \Pi}{\partial M(t)} = u(t)(a - 2bM(t) - bm(t)) = 0，解得：$$

$$M^{*N}(t) = \frac{a - bm(t)}{2b} \qquad (4.20)$$

同理，(4.5) 式關於 $m(t), u(t)$ 的一階條件為：

$$\frac{\partial \pi}{\partial m(t)} = a - 2bm(t) - bM(t) = 0 \qquad (4.21)$$

$$\frac{\partial \pi}{\partial u(t)} = m(t)(a - bp(t))\sqrt{G(t)} - cu(t) = 0 \qquad (4.22)$$

將 (4.20) 式代入 (4.21) 有：$au(t) - 3bm(t)u(t) = 0$，解得：

$$m_1^{*N}(t) = m^{*N}(t) = \frac{a}{3b}$$

從而 (4.22) 式解得：

$$u^{*N}(t) = \frac{a^2}{9bc}\sqrt{G(t)}$$

下面構造哈密爾頓函數（潘群儒，1993；袁嘉祖等，1993；蔣中一，2003）求最優的 $B^{*N}(t)$。

(4.4) 式的哈密爾頓函數為：

$$H^N = \frac{G(t)a^4}{81b^2c} - \frac{1}{2}CB(t)^2 + \lambda[B(t) - \psi G(t)]$$

同第 4.1.2 節的方法求出 $B^{*N}(t)$，$G^{*N}(t)$ 如下（為了避免重複，詳細過程略去，參見潘群儒，1993；袁嘉祖等，1993；蔣中一，2003）。

於是最優解滿足必要條件：

$$B^{*N}(t) = \frac{a^4}{81b^2(r+\psi)Cc}$$

$$G^{*N}(t) = (G_0 - \frac{a^4}{81b^2(r+\psi)\psi cC})e^{-\delta t} + \frac{a^4}{81b^2(r+\psi)\psi cC}$$

於是得到命題 4.2。

命題 4.2：在行銷渠道中，當渠道成員是同時決策時，最優邊際利潤、零售商的最優銷售投資、製造商的最優品牌性投資和最優聲譽分別為：

$$m^{*N}(t) = M^{*N}(t) = \frac{a}{3b} \tag{4.23}$$

$$u^{*N}(t) = \frac{a^2}{9bc}\sqrt{G^{*N}(t)} \tag{4.24}$$

$$B^{*N}(t) = \frac{a^4}{81b^2(r+\psi)cC} \tag{4.25}$$

$$G^{*N}(t) = (G_0 - \frac{a^4}{81b^2(r+\psi)\psi cC})e^{-\delta t} + \frac{a^4}{81b^2(r+\psi)\psi cC} \tag{4.26}$$

4.1.3.2 製造商領導的斯塔克爾博弈（簡記為 MS）多期博弈分析

在實際中製造商可能處於主導地位，例如格力電器、索尼公司等，這種博弈關係就是製造商主導的斯塔克爾博弈。製造商先決策，零售商根據製造商的決策進行最優決策，採用逆向歸納法，求其子博弈精煉納什均衡。

第二階段，零售商的最優決策。(4.5) 式關於 $m(t), u(t)$ 的一階條件仍為 (4.21) (4.22) 式，於是從 (4.21) (4.22) 式解得兩個反應函數是：

$$m(t) = \frac{a - bM(t)}{2b} \tag{4.27}$$

$$u(t) = \frac{(a - bM(t))^2}{4bc}\sqrt{G(t)} \tag{4.28}$$

博弈回到第一階段，將 (4.27) (4.28) 式代入製造商的利潤函數得：

$$\Pi = \int_0^{+\infty} e^{-rt}[M(t)(a-bM(t))^3 G(t)\frac{1}{8bc} - \frac{1}{2}CB(t)^2]dt \tag{4.29}$$

關於 $M(t)$ 一階條件為：$M^{*MS}(t) = \dfrac{a}{4b}$，（4.29）式關於 $B^{MS}(t)$ 一階條件同樣構造哈密爾頓函數（潘群儒，1993；袁嘉祖等，1993；蔣中一，2003）：

$$H^{MS} = \frac{27a^4 G(t)}{2,048b^2 c} - \frac{1}{2}CB(t)^2 + \lambda[B(t) - \psi G(t)]$$

求得最優的 $B^{*MS}(t)$ 和 $G^{*MS}(t)$ 為：

$$B^{*MS}(t) = \frac{27a^4}{2,048b^2(r+\psi)cC}$$

$$G^{*MS}(t) = (G_0 - \frac{27a^4}{2,048b^2(r+\psi)\psi cC})e^{-\delta t} + \frac{27a^4}{2,048b^2(r+\psi)\psi cC}$$

於是得到命題 4.3。

命題 4.3：在行銷渠道中，製造商主導的斯塔克爾博格博弈時，最優邊際利潤、零售商的最優銷售投資、製造商的最優品牌性投資和最優聲譽分別為（子博弈精煉納什均衡）：

$$m^{*MS}(t) = \frac{3a}{8b}, \; M^{*MS}(t) = \frac{a}{4b} \tag{4.30}$$

$$u^{*MS}(t) = \frac{9a^2}{64bc}\sqrt{G^{*MS}(t)} \tag{4.31}$$

$$B^{*MS}(t) = \frac{27a^4}{2,048b^2(r+\psi)cC} \tag{4.32}$$

$$G^{*MS}(t) = (G_0 - \frac{27a^4}{2,048b^2(r+\psi)\psi cC})e^{-\delta t} + \frac{27a^4}{2,048b^2(r+\psi)\psi cC} \tag{4.33}$$

4.1.3.3　零售商領導的斯塔克爾博格博弈（簡記為 RS）多期博弈分析

4.1.3.2 節詳細地分析了基於製造商主導的斯塔克爾博格博弈。在市場轉型期，隨著買方市場的形成，在許多產業領域，如

家電、服裝等，生產能力過剩引致過度競爭。於是渠道權力中心呈現向渠道下游轉移的趨勢。科特勒（1998）在評價當前分銷商和製造商的關係時認為，因為分銷商更接近市場，所以傳統的生產廠商和分銷商的關係正在發生改變，分銷商的力量逐漸顯示出比製造商更大的成長性。確實，在市場的轉型過程中完成了原始累積的渠道中間商，由於擁有豐富的渠道資源，使得渠道上游企業對它的依賴性更強了。依賴性越強，被依賴方獲得的權力就越大。這些渠道新貴們要求重新分配渠道中的權力。例如某些行業的零售商也極力希望控制渠道，特別是一些大型零售大賣場迅速布滿各大城市，他們的討價還價能力較強，因此研究由零售商主導的渠道斯塔克爾博格博弈具有一定的現實意義。

雖然它們是兩個不同的博弈模型，但是它們的分析方法是一致的，其分析原理：博弈的第一階段是零售商先根據利潤函數選擇他的最優邊際利潤和最優行銷投資；第二階段製造商確定最優邊際利潤和最優品牌投資。類似4.1.3.2的分析方法得到零售商主導的斯塔克爾博格博弈的子博弈完美納什均衡，由命題4.4給出。

命題4.4：在行銷渠道中，零售商主導的斯塔克爾博格博弈時，最優邊際利潤、零售商的最優銷售投資、製造商的最優品牌性投資和最優聲譽分別為（子博弈精煉納什均衡）：

$$M^{*RS}(t) = \frac{a}{4b}, \, m^{*RS}(t) = \frac{a}{2b} \tag{4.34}$$

$$u^{*RS}(t) = \frac{a^2}{8bc}\sqrt{G^{*RS}(t)} \tag{4.35}$$

$$B^{*RS}(t) = \frac{a^4}{128b^2(r+\psi)cC} \tag{4.36}$$

$$G^{*RS}(t) = \left(G_0 - \frac{a^4}{128b^2(r+\psi)\psi cC}\right)e^{-\delta t} + \frac{a^4}{128b^2(r+\psi)\psi cC} \tag{4.37}$$

4.1.4 四種博弈模型結果的比較分析

前面 4.1.2 和 4.1.3 節系統分析了四種博弈關係，並給出了一些命題，這一部分我們關心結果優劣性，主要從消費者、製造商和零售商的角度進行比較靜態分析，對消費者而言，只考慮零售價格；對製造商和零售商需要分析他們的邊際利潤、製造商的品牌性投資、聲譽，零售商的銷售投資的大小關係以及其隨時間的變化關係。

首先看零售價格。根據假設 2：$p(t) = M(t) + m(t)$，將 (4.23) (4.30) (4.34) 代入分別有：$p^{*T}(t) = \frac{a}{2b}$, $p^{*N}(t) = \frac{2a}{3b}$, $p^{*MS}(t) = \frac{5a}{8b}$, $p^{*RS}(t) = \frac{3a}{4b}$，於是針對某個顧客而言，必有結論 4.1。

結論 4.1：在非協作靜態博弈、製造商領導的斯塔克爾博格博弈和零售商領導的斯塔克爾博格博弈中，最優銷售價格滿足關係：

$$p^{*RS}(t) > p^{*N}(t) > p^{*MS}(t)$$

結論 4.1 表明，當零售商主導渠道時，零售商具有話語權，零售商會設置更高的零售價格以獲得更多的利潤。

下面分析模型中製造商的最優決策之間的關係，在比較製造商的邊際利潤時，其在協作渠道博弈中是一個總的最優邊際利潤，無法將之分離出來，因此我們只比較後面三種情況，於是從 (4.23) (4.30) (4.34) 式顯然可以得到結論 4.2。

結論 4.2：在非協作靜態博弈、製造商領導的斯塔克爾博格博弈和零售商領導的斯塔克爾博格博弈中，製造商的最優邊際利潤滿足關係：

$$M^{*RS}(t) < M^{*N}(t) < M^{*MS}(t)$$

從這個關係可以看出，當製造商是領導企業時他具有一定的話語權，為了獲得較高的利潤，自然會提高自己的邊際利潤，

這與實際相符。而在零售商領導的渠道關係中製造商處於從屬地位,這時他的境況最差。

比較（4.18）（4.25）（4.32）（4.36）容易得到結論4.3。

在結論4.3：在協作渠道博弈、非協作靜態博弈、製造商領導的斯塔克爾博格博弈和零售商領導的斯塔克爾博格博弈中,製造商的最優品牌投資滿足關係：

$$B^{*RS}(t) < B^{*N}(t) < B^{*MS}(t) < B^{*T}(t)。$$

在結論4.3中,儘管製造商的品牌投資是時間的函數,但我們發現四種情況的最優品牌投資與時間無關,均為常數。

進一步比較製造商的聲譽（Goodwill）,觀察（4.19）（4.26）（4.33）（4.37）,這四種情況的最優聲譽表達式的結構是完全對稱的,要比較其大小關係,只需要比較系數的大小關係,於是有結論4.4。

結論4.4：在非協作靜態博弈、製造商領導的斯塔克爾博格博弈和零售商領導的斯塔克爾博格博弈中,製造商的最優聲譽在時刻t滿足關係：

$$G^{*RS}(t) < G^{*N}(t) < G^{*MS}(t) < G^{*T}(t)$$

當$t \to +\infty$時,穩定狀態滿足關係：

$$G^{*RS}(+\infty) < G^{*N}(+\infty) < G^{*MS}(+\infty) < G^{*T}(+\infty)$$

結論4.4表明,渠道關係的聲譽隨著時間遞增或者遞減（需要分析表達式中$e^{-\delta t}$的系數正負）,不管產品的初始聲譽度是哪種情況,他們都會收斂於各自的穩定狀態。並且從不等關係中我們可以看出,渠道整合時其聲譽累積最大,而處於跟隨者時其值最小。

結論4.5：在非協作靜態博弈、製造商領導的斯塔克爾博格博弈和零售商領導的斯塔克爾博格博弈中,零售商的最優邊際利潤滿足關係：

$$m^{*N}(t) < m^{*MS}(t) < m^{*RS}(t)。$$

比較零售商最優行銷努力時，當 $G^*(t)$ 滿足關係 $G^{*RS}(t) < G^{*N}(t) < G^{*MS}(t) < G^{*T}(t)$ 時，對應的行銷努力並不滿足這種關係，我們將聲譽代入到最優努力表達時得到：

$$u^{*T}(t) = \frac{a^2}{4bc}\sqrt{\frac{a^4}{32b^2(r+\delta)\delta cC} - \frac{a^4 e^{-\delta t}}{32b^2(r+\delta)\delta cC}}$$

$$u^{*MS}(t) = \frac{9a^2}{64bc}\sqrt{\frac{27a^4}{2,048b^2(r+\delta)\delta cC} - \frac{27a^4 e^{-\delta t}}{2,048b^2(r+\delta)\delta cC}}$$

$$u^{*N}(t) = \frac{a^2}{9bc}\sqrt{\frac{a^4}{81b^2(r+\delta)\delta cC} - \frac{a^4 e^{-\delta t}}{81b^2(r+\delta)\delta cC}}$$

$$u^{*RS}(t) = \frac{a^2}{8bc}\sqrt{\frac{a^4}{128b^2(r+\delta)\delta cC} - \frac{a^4 e^{-\delta t}}{128b^2(r+\delta)\delta cC}}$$

利用 *Matlab* 軟件畫出函數圖像如圖 4.1。

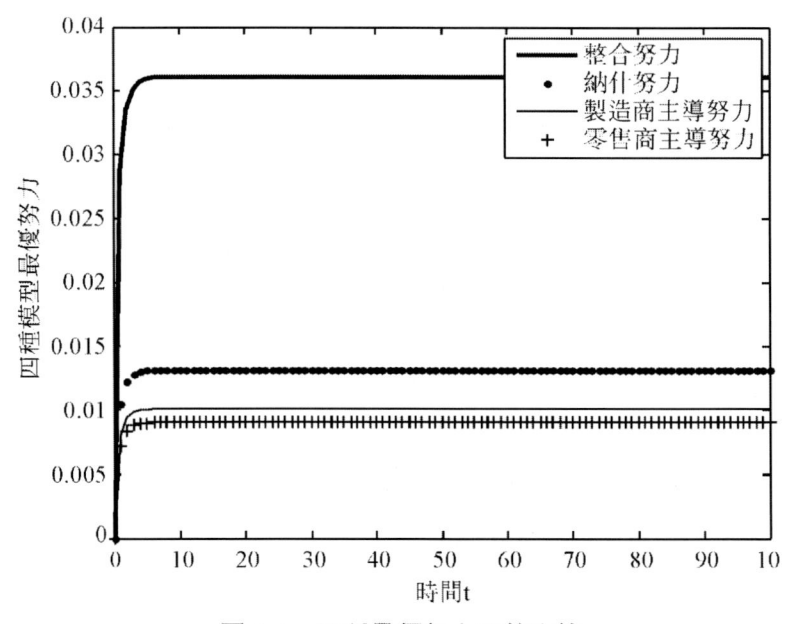

圖 4.1　四種最優努力函數比較

從圖 4.1 我們得到結論 4.6。

結論4.6：在協作渠道博弈、非協作靜態博弈、製造商領導的斯塔克爾博格博弈和零售商領導的斯塔克爾博格博弈中，零售商的最優行銷滿足關係：

$$u^{*T}(t) > u^{*N}(t) > u^{*MS}(t) > u^{*RS}(t)$$

當 $t \to +\infty$ 時，穩定狀態滿足關係：

$$u^{*T}(+\infty) > u^{*N}(+\infty) > u^{*MS}(+\infty) > u^{*RS}(+\infty)$$

4.2 渠道協作的實現

在4.1.3節的分析中，在計算出最優決策變量時，我們沒有計算渠道成員的最優利潤，將命題4.1至命題4.2的最優決策代入各自的利潤函數積分，得到表4.1。

表4.1　　　　　　　　四種模型的最優利潤

	製造商利潤	零售商利潤	渠道總利潤
渠道整合（C）	$\dfrac{\alpha A}{32} + \dfrac{\alpha B}{2 \times 32^2}$	$\dfrac{(1-\alpha)A}{32} + \dfrac{(1-\alpha)B}{2 \times 32^2}$	$\dfrac{A}{32} + \dfrac{B}{2 \times 32^2}$
納什博弈（N）	$\dfrac{A}{81} + \dfrac{B}{2 \times 81^2}$	$\dfrac{A}{2 \times 81} + \dfrac{B}{2 \times 81^2}$	$\dfrac{3A}{2 \times 81} + \dfrac{B}{81^2}$
製造商主導博弈（MS）	$\dfrac{27A}{2,048} + \dfrac{27^2 B}{2 \times 2,048^2}$	$\dfrac{81A}{2 \times 64^2} + \dfrac{3^7 B}{64^4}$	$\dfrac{189A}{8 \times 32^2} + \dfrac{5 \times 27^2 B}{64^4}$
零售商主導博弈（RS）	$\dfrac{A}{128} + \dfrac{B}{2 \times 128^2}$	$\dfrac{A}{128} + \dfrac{B}{128^2}$	$\dfrac{A}{64} + \dfrac{3B}{2 \times 128^2}$

$$A = \frac{a^4 G_0}{b^2 (r+\psi)c}, \quad B = \frac{a^8}{b^4 (r+\psi)^2 rCc^2}。$$

從表4.1可以得到結論4.7。

結論4.7：在非協作靜態博弈中，製造商、零售商的最優利潤滿足如下關係：

(1) 製造商和零售商的最優利潤滿足：$\Pi^{*N} > \pi^{*N}$，$\Pi^{*MS} > \pi^{*MS}$，$\Pi^{*RS} < \pi^{*RS}$；

(2) 對製造商：$\Pi^{*MS} > \Pi^{*N} > \Pi^{*RS}$；

(3) 對零售商：$\pi^{*MS} > \pi^{*RS} > \pi^{*N}$；

結論4.7中的（1）說明三種情況下製造商和零售商的利潤大小關係，可以看出非協作靜態博弈、製造商領導的斯塔克爾博格博弈中製造商的利潤大於零售商領導的斯塔克爾博格博弈的利潤，而零售商領導的斯塔克爾博格博弈中製造商利潤小於零售商領導的斯塔克爾博格博弈的利潤，後兩種情況表明博弈方的先行優勢；從（2）（3）看出，在製造商和零售商組成的渠道中，儘管零售商可以主導整個渠道，但每個零售商獲得的最優利潤並不是最優的。

由於 a, b, C, c, r, ψ, G_0 是常數，它們的取值不同不影響結論，奇納塔干塔和吉安娜（1992）取 $a = 1$，$r = 0.1$；馬丁・赫倫和塔布畢（2005）取 $\psi = 0.5$，$G_0 = 1$，本節取 $a = b = 1$，$C = c = 1$，$r = 0.5$，$G_0 = 1$，利用 Matlab 軟件畫出表4.1最後一列的四種情況渠道總利潤的函數圖像，如圖4.2所示。

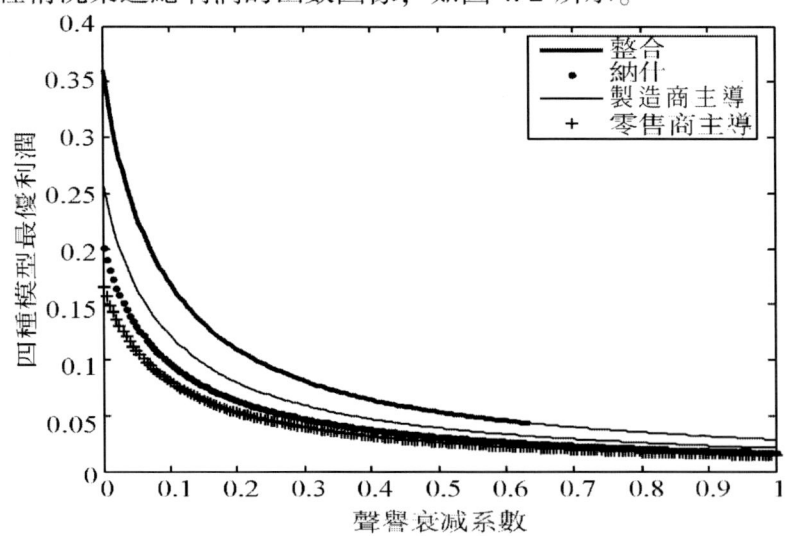

圖4.2 四種模型的最優管道總利潤比較

通過圖4.2我們可得到結論4.8、結論4.9。

結論4.8：在協作渠道博弈（渠道整合）、非協作靜態博弈、製造商領導的斯塔克爾博格博弈和零售商領導的斯塔克爾博格博弈中，渠道最優總利潤滿足關係：

$$\Pi_{總}^{T*} > \Pi_{總}^{MS*} > \Pi_{總}^{N*} > \Pi_{總}^{RS*}$$

結論4.7表明整合時，渠道總利潤最大，這是帕累托最優狀態。這也是很自然的，渠道整合者會投入更多的品牌投資、付出更多的行銷努力，這都會導致較高的利潤。

李寧體育用品公司創業之初就是靠開設自己的直營店來銷售自己的產品，並不斷進行品牌建設。容納諮詢合夥人高劍鋒認為，直營、加盟是專賣模式的兩個分類，不論是靠直營還是靠加盟都有做成功的企業，更重要的是看企業對所處階段的選擇。企業在運作幾年加盟後，需要重新進行渠道整合，採取停止加盟、進行加盟店回購等措施，走直營之道，這基本上是從基礎行銷到高級行銷的過渡過程。天津狗不理集團在前幾年也曾不惜重金提前收回在全國範圍內的70多家加盟店中部分店的經營許可權，同時不再吸納新的加盟店。小肥羊花了3年的時間對其加盟店進行清理整頓，改「以加盟為主、重點直營」的開店路線為「以直營為主，規範加盟」（郭斐，2008）。這些案例充分說明了整合的重要性。但整合渠道也有一定的缺陷，它需要較強的管理控制能力，也需要較大的資金，它對從產品生產到傳遞到消費者手中的每一個過程的要求都高，企業往往難以做到，而只想將重點放在渠道的某一個環節上。

而零售商主導的渠道利潤最少，這主要涉及一些大型賣場的異軍突起，如沃爾瑪、家樂福等，較大的渠道控制力使他們獲得了更多的利潤，而製造商獲得利潤較少，整個渠道的利潤也較小。其實我們採用最多的是製造商主導的渠道形勢，這種模式的一個好處是製造商可以重點進行品牌建設，而零售商努

力銷售，從而使整個渠道利潤較大。

結論4.9：四種模型的渠道總利潤都隨聲譽衰減系數的減小而減小。

在前面，我們建立模型的思想就是一個無限期的動態問題，未來的收益必須貼現，於是我們利用貼現因子 e^{-rt} 貼現。令 $e^{-rt} = \delta$，那麼 r 是貼現因子 δ 的函數，記為 $r = f(\delta)$，滿足 $\frac{\partial r}{\partial \delta} = \frac{\partial f(\delta)}{\partial \delta} < 0$，不妨設 $r = -\ln\delta$ [①]。將 $r = f(\delta)$ 代入表4.1中的 A 和 B 有：

$$A = \frac{a^4 G_0}{b^2(\psi - \ln\delta)c}$$

$$B = \frac{a^8}{-b^4 \ln\delta (\psi - \ln\delta)^2 Cc^2}$$

同樣取 $a = b = 1, C = c = 1, \psi = 0.5, G_0 = 1$，關於四種情況的渠道總利潤可利用 Matlab 軟件畫出函數圖4.3。

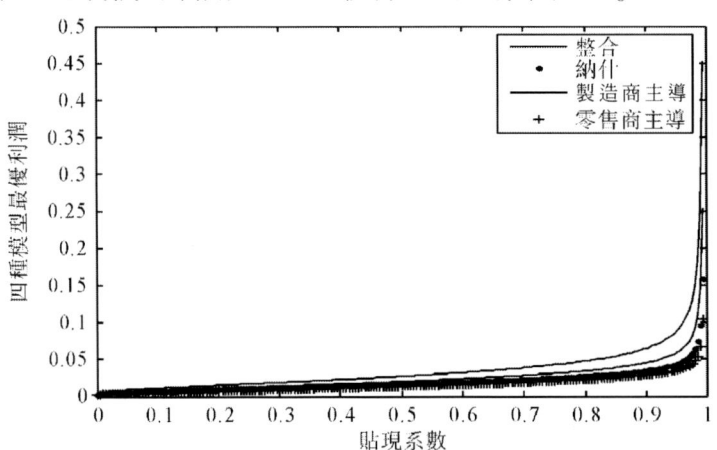

圖4.3　四種模型的最優管道總利潤比較

---

① 因為 M_2，解反函數可以得到模型1，然後將其帶入雙方的最優利潤積分同樣得到相同的結果。本節設模型3重在考察貼現因子對促使雙方合作的重要性。

從函數表達式和圖像都可以得出以下結論。

結論4.10：在四種模型中，無論是總利潤還是渠道成員的利潤都隨貼現系數的增大而增大。當貼現系數$\delta \to 1$時，那麼最優利潤都會趨近於無窮。

結論4.10表明渠道成員對未來收益的重視程度影響收益，渠道成員是否重視未來收益受多方面因素的影響。一是受銀行利率的影響；二是受渠道雙方協作願望的影響，如果已經建立了互惠互利的「和諧」渠道關係，雙方對未來都充滿希望，形成持久的渠道協作關係，那麼未來就會獲得更多的收益。

下面我們來看協作帕累托最優的實現。

是否實現協作情況，主要是看協作後製造商和零售商獲得的利潤大小與其他幾種情況利潤的大小關係，或者說分享系數的大小決定著他們是否協作。因此在渠道中，製造商和零售商進行協作，先使渠道總利潤最大化，然後在渠道成員之間進行分配，在前一節，我們求出最優利潤$\Pi_{總}^{T*}$，假設製造商獲得總利潤的α，$0 \leq \alpha \leq 1$，那麼零售商獲得總利潤的$1-\alpha$。

我們畫出製造商四種情況的函數圖像如圖4.4所示。

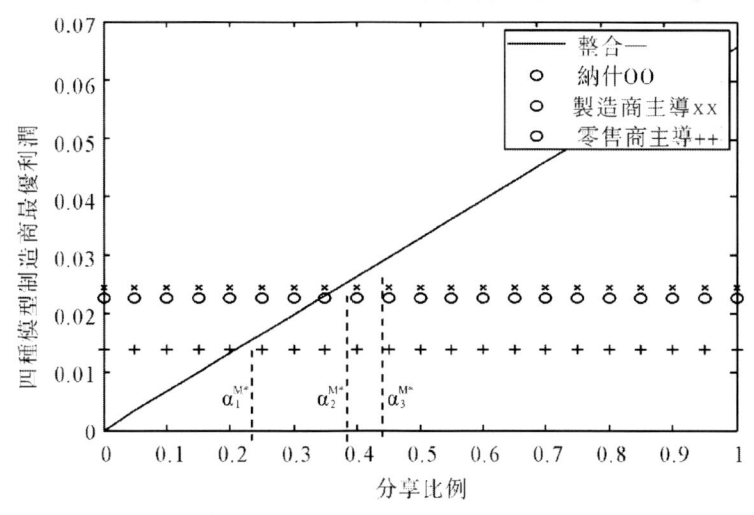

圖4.4　四種模型製造商利潤比較

從圖 4.4 可以看出，當分享系數 $\alpha \in (0, \alpha_3^{M*})$ 時，製造商願意主導而不願意協作；當分享系數 $\alpha \in [\alpha_3^{M*}, 1]$ 時，製造商願意協作。

其中 α_3^{M*} 由 $\dfrac{\alpha A}{32} + \dfrac{\alpha B}{2 \times 32^2} = \dfrac{27A}{2,048} + \dfrac{27^2 B}{2 \times 2,048^2}$ 解得。即是

$$\alpha_3^{M*} = \dfrac{110,592 a^4 b^2 (r+\psi) rCcG_0 + 729 a^8}{262,144 a^4 b^2 (r+\psi) rCcG_0 + 4,096 a^8}$$ ①。於是得到命題 4.5。

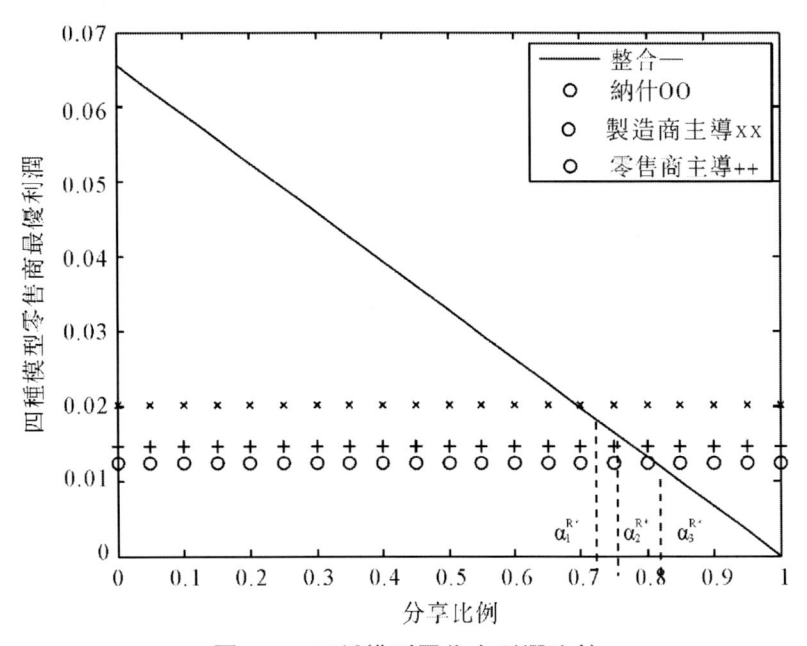

圖 4.5　四種模型零售商利潤比較

命題 4.5：如分享系數 $\alpha \in (0, \alpha_3^{M*})$，製造商不會協作而願意自己主導渠道，當分享系數 $\alpha \in [\alpha_3^{M*}, 1]$ 時，製造商願意協作。

---

① α_3^{M*} 顯然在 0 到 1 之間。

其中 $\alpha_3^{M*} = \dfrac{110,592a^4b^2(r+\psi)rCcG_0 + 729a^8}{262,144a^4b^2(r+\psi)rCcG_0 + 4,096a^8}$。

同理我們用 Matlab 軟件畫出零售商的四種情況，如圖 4.5 所示，並得到命題 4.6。

命題 4.6：如分享系數 $\alpha \in (0, \alpha_3^{R*})$，零售商協作，當分享系數 $\alpha \in [\alpha_3^{R*}, 1]$ 時，零售商不願意協作，寧願由製造商主導而自己作為跟隨者。

其中 $\alpha^{R*} = \dfrac{350 \times 32^2 a^4 b^2 (r+\psi)rCcG_0 + 6,005a^8}{512 \times 32^2 a^4 b^2 (r+\psi)rCcG_0 + 8,192a^8}$。

無論是從表達式還是從圖形我們都容易看到 $\alpha^{R*} > \alpha^{M*}$。於是有命題 4.7。

命題 4.7：如果分享系數 $\alpha \in (\alpha_3^{M*}, \alpha_3^{R*})$，製造商和零售商都願意協作。

製造商希望 α^{M*} 越大越好，而零售商希望 α^{R*} 越小越好。將兩者作差得：

$$\alpha^{R*} - \alpha_3^{M*} = \dfrac{35,127,296 \times 32^2 D^2 - 1,754,005,504 a^8 D - 18,624,512 a^{16}}{(512 \times 32^2 D + 8,192 a^8)(262,144 D + 4,096 a^8)}$$

其中 $D = a^4 b^2 (r+\psi)rcCG_0$。只需要 $\alpha^{R*} - \alpha_3^{M*}$ 的表達式的分子大於零，那麼協作就會實現。應用 Matlab 軟件解得只要參數滿足 $b^2(r+\psi)rcCG_0 > 0.022,5a^4$ 時 $\alpha^{R*} - \alpha_3^{M*}$ 就大於零，也就是說協作就會實現。於是有命題 4.8。

命題 4.8：如果 a, b, r, ψ, C, c, G_0 滿足 $b^2(r+\psi)rcCG_0 > 0.022,5a^4$，那麼製造商和零售商的協作總會實現。

從命題 4.5，4.6，4.7，4.8 我們看到，要實現協作，參數必須滿足一定條件。下面分別進行討論：

（1）關於參數 G_0。

從我們的定義知道參數 G_0 是製造商產品或品牌的初始聲譽。如果初始聲譽 $G_0 = 0$，那麼分享系數差 $\alpha^{R*} - \alpha_3^{M*}$ 不能大於零，也就是說製造商和零售商不會通過談判達成一個分割協議 α^*，使得雙方協作。因此我們看到要實現協作產品的聲譽是關

鍵性前提之一。同時初始聲譽 G_0 越大，協作區間就越大，協作的可能性就越大（見圖4.6）。

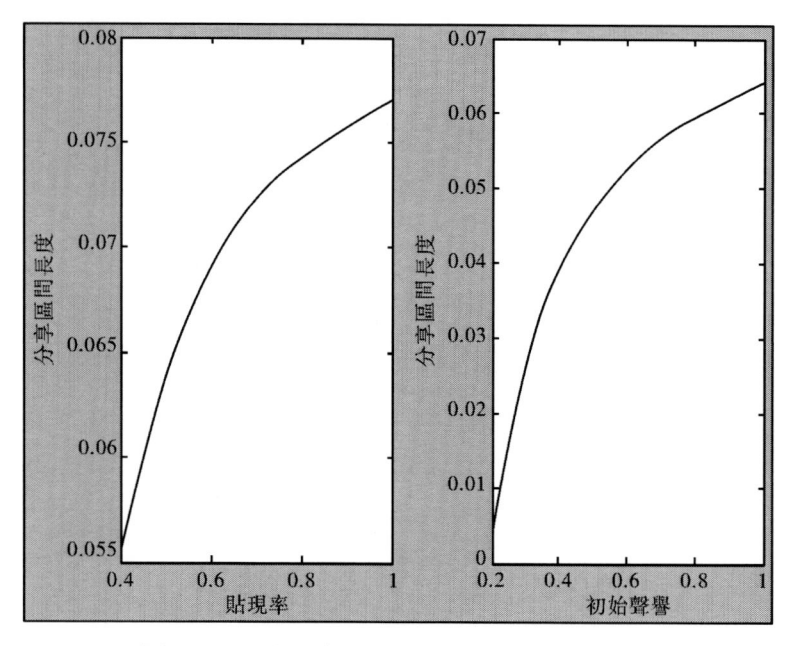

圖4.6　分享系數區間長度與各參數的關係①

因此製造商的品牌建設十分重要，只要產品初始聲譽較好，那麼就容易實現協作。這和實踐也是一致的，如果製造商的產品有較好的質量、較好的售後服務、較大的忠誠顧客群體等，那麼零售商便願意銷售他的產品。例如聯想公司、蒙牛公司這幾年大力加強品牌建設，憑著過硬的產品獲得消費者的信賴，這時眾多的零售商便願意銷售他們的產品，相互很容易實現協作。聯想公司和蒙牛公司加大全國性廣告宣傳，如贊助奧運會、電視廣告等，而各個零售商採取不同的促銷協作來配合做大渠道利潤，提高市場份額，使雙方都從中受益。

---

① 分享系數區間長度與各參數的關係是基於給定的一些常數，同時參數之間必須滿足關係模型5得到的。

(2) 關於貼現率 ψ。

貼現率的大小能夠反應製造商和零售商對未來收益的重視程度。貼現率越大說明渠道成員對未來收益越重視，這時製造商和零售商都願意協作（見圖4.6），這與奇納塔干塔和吉安娜（1992）的結論一致的。

4.3　基於兩種行銷努力下的渠道動態微分模型

4.3.1　問題的提出

從目前的研究我們可以看出製造商的決策主要是全國性投資或地方性投資，其目的是激勵零售商最大化渠道的利潤實現協作。本書認為零售商銷售努力可以分為兩類：一類是通過銷售努力來增加「今天」銷售量，這類努力多是勸說式的、刺激需求迅速增長的短期手段，我們稱之為短期努力。另一類是零售商的努力不增加「今天」的需求量，但增加顧客的滿意度，提高了製造商產品品牌的「聲譽（Goodwill）」，這樣就會增加產品「明天」的需求量，也就是說長期性努力水準必然有滯後性，這類努力我們稱之為長期性努力。對零售商而言，他們更希望付出更多的短期性努力，獲得更多的當前利潤，這不是製造商所希望的。在渠道中，製造商更看重未來的收益，希望零售商付出更多的長期性努力，這對品牌、聲譽都有很好的作用。但是由於製造商無法監督零售商的銷售努力，除非製造商對零售商付出的長期性努力給予一定的補償，否則零售商沒有積極性去實施長期性努力。基於此思想我們採用微分博弈方法，對兩類努力變量（兩類變量是時間的函數）以及它們對渠道影響進行建模研究。

4.3.2 符號、概念與基本假設

為了分析的方便，在此先給出下列符號、假設，並對一些概念做簡要地說明。

（1）渠道由一個製造商（Manufacturer）、一個零售商（Retailer）組成。

（2）時間 $t \in [0, +\infty)$，製造商邊際利潤 M[①]和長期品牌投資 $B(t)$（例如廣告、公共關係、努力等），對零售商的長期努力的成本的分攤係數 β（本書稱為激勵係數）（$0 \leq \beta < 1$）[②]，零售商邊際利潤 m，為了增加銷售量進行的短期銷售努力 $u(t)$（例如店內促銷、銷售努力等），基於顧客滿意或品牌建設的長期性努力 $v(t)$，$p = M + m$。

（3）零售商的市場需求函數[③]：$q(t) = u(t)(a - bp)\sqrt{G(t)}$，$a > 0, b > 0$，為常數，$G(t)$ 是產品在時刻 $t \in [0, +\infty)$ 的聲譽累積（The Stock of Band Goodwill）。本書採用 $q(t) = u(t)(a - bp)\sqrt{G(t)}$，一是反應了零售商的市場需求與自己的短期銷售努力 $u(t)$ 成正比關係；二是反應了市場需求與價格 p 成反比關係；三是反應需求量與聲譽 $G(t)$ 同方向變化，採用

---

① 本書假定製造商零售商的邊際利潤在 L 內是不隨時間變化而變化，這樣假設一是因為西格和扎克考（2000），喬根森（2001），凱瑞和扎克考，（2005）等都有類似的假設。二是如果假設是時間的函數，那麼求解在數學上是十分複雜的。

② 假定納什是因為零售商的長期努力付出的成本，製造商不全部承擔，如果全部承擔，那就相當於製造商的品牌投資。但納什說明製造商對零售商的投資不激勵。

③ 關於需求函數目前採用的形式較多，如拉爾（1990），杜塔等（1994）採用了 $Q = a - p + s$，德賽奧和穆圭爾採用了 $Q = a - (\omega + r) + \lambda\sqrt{e}$。我們的需求函數假設是 $G(t)$ 邊際遞減的形式進入需求函數，而努力變量又以線性的方式進入需求函數，這主要是採用喬根森等（2000a, 2000b），喬根森等（2001），喬根森等（2003a, 2003b）的假設形式。可以將努力變量以邊際遞減的方式進入需求函數，但會增加運算的複雜性，對結論影響不大。

$\sqrt{G(t)}$ 說明聲譽 $G(t)$ 對需求量是邊際遞減的。同時，這也說明零售商只關心眼前的需求量，也就是他在時刻 $t \in [0, +\infty)$ 的短期行銷努力 $u(t)$ 只影響時刻 $t \in [0, +\infty)$ 的銷售量，不影響產品的聲譽 $G(t)$；相反我們假設長期性行銷努力 $v(t)$ 影響時刻 $t \in [0, +\infty)$ 的聲譽 $G(t)$，短期行銷努力 $u(t)$ 不影響產品的聲譽。而製造商更關心產品品牌的聲譽，因此製造商的品牌投資 $B(t)$ 不直接影響需求量，通過聲譽 $G(t)$ 間接影響需求量。

（4）由假設 3 可知，製造商的品牌投資 $B(t)$ 和零售商長期性行銷努力 $v(t)$ 通過聲譽 $G(t)$ 間接影響需求量，聲譽 $G(t)$ 有自然衰減的特點，設其按指數規律隨時間 t 衰減，即按 $e^{-\rho t}$ 衰減，其中 ρ 為衰減系數，因此聲譽 $G(t)$ 的變化採用 Nerlove - Arrow (1962) 的狀態方程的推廣形式描述。

$$\frac{\mathrm{d}G(t)}{\mathrm{d}t} = \lambda_M B(t) + \lambda_R v(t) - \rho G(t), \ G(0) = G_0 \geq 0$$

(4.38)

其中 λ_M, λ_R 是大於零的常數。

（5）製造商付出的長期品牌投資 $B(t)$ 的成本為 $\frac{1}{2}CB(t)^2$，零售商付出的短期性銷售努力 $u(t)$ 的成本為 $\frac{1}{2}c_u u(t)^2$。零售商付出的長期性銷售努力 $v(t)$ 的成本為 $\frac{1}{2}c_v v(t)^2$。平方形式的成本函數保證了一階條件大於零，二階條件大於零。其中，C 是製造商的成本系數，c_u, c_v 是零售商的成本系數。

（6）製造商為了激勵零售商付出更多長期性行銷努力，對其成本進行補償激勵，其激勵系數為 β，於是付出銷售努力 $v(t)$ 的成本為 $\frac{1}{2}(1-\beta)c_v v(t)^2$。而製造商需多付出的成本為 $\frac{1}{2}\beta c_v v(t)^2$。

(7) 為了研究方便，製造商和零售商的邊際成本都為 0。[①]

4.3.3 渠道動態博弈的激勵微分博弈模型

4.3.3.1 製造商主導的斯塔克爾博格動態博弈模型

在實際中製造商可能處於主導地位，例如格力電器、索尼公司等，這種博弈關係就是製造商主導的斯塔克爾博格博弈，製造商先決策，零售商根據製造商的決策進行最優決策，可以採用逆向歸納法，求其子博弈精煉納什均衡。根據前面的假設，我們容易得到製造商在 t，$t \in [0, +\infty)$ 內的所有利潤貼現總和如下：

$$\Pi = \int_0^{+\infty} e^{-\delta t} \{M(a-bp)u(t)\sqrt{G(t)} - \frac{1}{2}CB(t)^2 - \frac{1}{2}\beta c_v v(t)^2\} dt \qquad (4.39)$$

零售商在 t，$t \in [0, +\infty)$ 內的所有利潤貼現總和如下：

$$\pi = \int_0^{+\infty} e^{-\delta t} [m(a-bp)u(t)\sqrt{G(t)} - \frac{1}{2}c_u u(t)^2 - \frac{1}{2}(1-\beta)c_v v(t)^2] dt \qquad (4.40)$$

(4.39)(4.40) 式中的 $e^{-\delta t}$ 為折現因子，δ 是貼現率。

其子博弈精煉納什均衡以及最優利潤由命題 4.9、命題 4.10 給出。

命題 4.9：在製造商主導的斯塔克爾博格渠道博弈中，渠道成員的最優決策如下（子博弈精煉納什均衡）：

$$M^{MS*} = \frac{a}{4b}, \quad B^{MS*}(t) = \frac{27a^4 \lambda_M}{8^3 b^2 c_u C(\rho + \delta)}$$

[①] 研究渠道的一些學者假設邊際成本為常數 產品需求，一些學者假設其為零，而其結果都一樣。因為都將之看成常數（除了吉蘭德和舒甘，1983），故對我們的結果不影響。所以本書也假設其為 0。

$$m^{MS*} = \frac{3a}{8b}, u^{MS*}(t) = \frac{9a^2\sqrt{G(t)}}{64bc_u}$$

$$v(t)^{MS*} = \frac{81\lambda_R a^4}{2 \times 64^2 b^2 c_u c_v (\delta + \rho)(1-\beta)}$$

命題 4.10：在製造商主導的斯塔克爾博格渠道博弈中，零售商和製造商的最優利潤為：

$$\pi^{MS*}(G) = \frac{81a^4 G}{2 \times 64^2 b^2 c_u (\delta + \rho)}$$

$$+ \frac{81 \times 27 a^8 \lambda_M^2}{16 \times 64^3 b^4 c_u^2 C\delta (\delta + \rho)^2}$$

$$- \frac{81^2 a^8 \lambda_R^2}{4 \times 64^4 b^4 c_u^2 c_v \delta (\delta + \rho)^2 (1-\beta)}$$

$$\Pi^{MS*}(G) = \frac{27 a^4 G}{8 \times 64 b^2 c_u (\rho + \delta)}$$

$$+ \frac{27^2 a^8 \lambda_M^2}{2 \times 8^6 b^4 c_u^2 C\delta (\rho + \delta)^2}$$

$$- \frac{81^2 a^8 \lambda_R^2 \beta}{8 \times 64^4 b^4 c_u^2 c_v \delta (\delta + \rho)^2 (1-\beta)^2}$$

$$+ \frac{81 \times 27 a^8 \lambda_R^2}{16 \times 64^3 b^4 c_u^2 c_v \delta (\delta + \rho)^2 (1-\beta)}$$

命題 4.9 和命題 4.10 的證明見本章附錄 A。

4.3.3.2 零售商主導的斯塔克爾博格動態博弈模型

在市場轉型期，隨著買方市場的形成，在許多產業領域，如家電、服裝等，生產能力過剩引致過度競爭。於是渠道權力中心呈現向渠道下游轉移的趨勢。科特勒（1998）在評價當前分銷商和製造商的關係時認為，因為分銷商更接近市場，所以傳統的生產廠商和分銷商的關係正在發生改變，分銷商的力量逐漸顯示出比製造商更大的成長性。確實，在市場的轉型過程

中完成了原始累積的渠道中間商，由於擁有豐富的渠道資源，使得渠道上游企業對它的依賴性更強了。依賴性越強，被依賴方獲得的權力就越大。這些渠道新貴們要求對渠道中的權力進行重新分配。例如某些行業的零售商極力希望控制渠道，特別是一些大型零售大賣場迅速布滿各大城市，他們的討價還價能力較強，因此研究由零售商主導的渠道斯塔克爾博格博弈具有一定的現實意義。

雖然它們是兩個不同的博弈模型，但是它們的分析方法是一致的，類似第二節的分析方法得到零售商主導的斯塔克爾博格博弈的子博弈完美納什均衡由命題4.11和命題4.12給出。

命題4.11：在零售商主導的斯塔克爾博格渠道博弈中，渠道成員的最優決策如下（子博弈精煉納什均衡）：

$$M^{RS*} = \frac{a}{4b}, B^{RS*}(t) = \frac{a^4 \lambda_M}{2 \times 64 b^2 c_u C(\rho + \delta)}$$

$$m^{RS*} = \frac{a}{2b}, u^{RS*}(t) = \frac{a^2 \sqrt{G(t)}}{8bc_u}$$

$$v^{RS*}(t) = \frac{a^4 \lambda_R}{2 \times 64 b^2 c_u c_v (1-\beta)(\delta + \rho)}$$

命題4.12：在零售商主導的斯塔克爾博格渠道博弈中，零售商和製造商的最優利潤為：

$$\pi^{RS*}(G) = \frac{a^4 G}{2 \times 64 b^2 c_u (\delta + \rho)}$$

$$- \frac{a^8 \lambda_R^2}{8 \times 64^2 b^4 c_u^2 c_v \delta (\delta + \rho)^2 (1-\beta)}$$

$$+ \frac{a^8 \lambda_M^2}{4 \times 64^2 b^4 c_u^2 C \delta (\rho + \delta)^2}$$

$$+ \frac{a^8 \lambda_R^2}{4 \times 64^2 b^4 c_u^2 c_v \delta (\delta + \rho)^2 (1-\beta)}$$

$$\Pi^{RS*}(G) = \frac{a^4 G}{2 \times 64 b^2 c_u (\rho + \delta)} + \frac{a^8 \lambda_M^2}{8 \times 64^2 b^4 c_u^2 C \delta (\rho + \delta)^2}$$

$$- \frac{\beta a^8 \lambda_R^2}{8 \times 64^2 b^4 c_u^2 c_v \delta (\delta + \rho)^2 (1-\beta)^2}$$

$$+ \frac{a^8 \lambda_R^2}{4 \times 64^2 b^4 c_u^2 c_v \delta (\delta + \rho)^2 (1-\beta)}$$

命題 4.11 和命題 4.12、4.3.3.3 節的命題 4.13 和命題 4.14 的證明方法與命題 4.9 和命題 4.10 的證明方法相同，因此證明略去，參看附錄 A。

4.3.3.3 渠道納什均衡博弈模型

在這種渠道關係下，製造商和零售商同時決策，使自己的利潤最大化其結果由命題 4.13 和命題 4.14 給出。

命題 4.13：在渠道博弈中，渠道成員的最優決策如下（納什均衡）：

$$M^{N*} = m^{N*} = \frac{a}{3b}$$

$$B^{N*}(t) = \frac{a^4 \lambda_M}{81 b^2 c_u C (\rho + \delta)}$$

$$u^{N*}(t) = \frac{a^2}{9 b c_u} \sqrt{G(t)}$$

$$v^{N*}(t) = \frac{a^4 \lambda_R}{2 \times 81 b^2 c_u c_v (1-\beta)(\rho + \delta)}$$

命題 4.14：在渠道博弈中，零售商和製造商的最優利潤為：

$$\pi^{N*}(G) = \frac{a^4 G}{2 \times 81 b^2 c_u (\rho + \delta)} + \frac{a^8 \lambda_M^2}{2 \times 81^2 b^4 c_u^2 C \delta (\rho + \delta)^2}$$

$$+ \frac{a^8 \lambda_R^2}{8 \times 81^2 b^4 c_u^2 c_v \delta (1-\beta)(\rho + \delta)^2}$$

$$\Pi^{N*}(G) = \frac{a^4 G}{81 b^2 c_u (\rho + \delta)} + \frac{a^8 \lambda_M^2}{2 \times 81^2 b^4 c_u^2 C \delta (\rho + \delta)^2}$$

$$-\frac{a^8\beta\lambda_R^2}{8\times 81^2 b^4 c_u^2 c_v \delta(\rho+\delta)^2(1-\beta)^2}$$

$$+\frac{a^8\lambda_R^2}{2\times 81^2 b^4 c_u^2 c_v \delta(\rho+\delta)^2(1-\beta)}$$

4.3.4 結果比較分析與實踐意義

4.3.4.1 渠道雙方最優決策比較分析

前面二、三節系統分析了三種博弈關係，並給出了一些命題，這一部分我們關心結果優劣性，主要從消費者、製造商和零售商的角度進行比較靜態分析。對消費者而言，只需考慮零售價格；對製造商和零售商而言，需要分析他們的邊際利潤，製造商的品牌性投資，零售商的長期性努力和短期性努力的大小關係以及產品聲譽。

首先看零售價格，根據假設3：$p=M+m$，根據命題4.9、4.11、4.13得出 $p^{*MS}=\frac{5a}{8b}$，$p^{*RS}=\frac{3a}{4b}$，$p^{*N}=\frac{2a}{3b}$，於是針對消費者而言，必有結論4.11。

結論4.11：在非協作靜態博弈、製造商領導的斯塔克爾博格博弈和零售商領導的斯塔克爾博格博弈中，最優銷售價格滿足關係：$p^{*RS}>p^{*N}>p^{*MS}$。

結論4.11表明，當零售商主導渠道時，零售商具有話語權，他會設置更高的零售價格以獲得更多的利潤。

下面分析模型中製造商的最優決策之間的關係，於是從命題4.9、4.11、4.13顯然得出結論4.12。

結論4.12：在非協作靜態博弈、製造商領導的斯塔克爾博格博弈和零售商領導的斯塔克爾博格博弈中，製造商的最優邊際利潤滿足關係：$M^{*RS}=M^{*MS}<M^{*N}$；製造商的最優品牌投資滿足關係：$B^{RS*}(t)<B^{N*}(t)<B^{MS*}(t)$。

從這個關係可以看出，製造商為了獲得較高的利潤，自然會提高它的邊際利潤，這與實際相符。製造商在零售商領導的渠道關係中處於從屬地位時的境況最差。而在製造商主導的渠道中，顯然製造商願意投入更多的品牌投資。

結論4.13：在非協作靜態博弈、製造商領導的斯塔克爾博格博弈和零售商領導的斯塔克爾博格博弈中，零售商的最優短期性努力滿足關係：$u^{*MS}(t) > u^{*RS}(t) > u^{*N}(t)$；最優長期性努力滿足關係：$v^{N*}(t) < v^{RS*}(t) < v(t)^{MS*}$。

下面分析製造商產品的聲譽，將製造商的最優品牌投資和零售商的最優長期性努力代入（4.39）時有：

$$\frac{dG^{MS*}(t)}{dt} = \frac{27a^4\lambda_M^2}{8^3 b^2 c_u C(\rho+\delta)} + \frac{81\lambda_R^2 a^4}{2\times 64^2 b^2 c_u c_v (\delta+\rho)(1-\beta)} - \rho G^{MS*}(t)$$

解線性微分方程得到：

$$G^{MS*}(t) = G_0 e^{-\rho t} + \left[\frac{27a^4\lambda_M^2}{8^3 b^2 c_u C\rho(\rho+\delta)} + \frac{81\lambda_R^2 a^4}{2\times 64^2 b^2 c_u c_v \rho(\delta+\rho)(1-\beta)}\right](1-e^{-\rho t})$$

同理可得：

$$G^{RS*}(t) = G_0 e^{-\rho t} + \left[\frac{a^4\lambda_M^2}{2\times 64 b^2 c_u C(\rho+\delta)} + \frac{a^4\lambda_R^2}{2\times 64 b^2 c_u c_v (\delta+\rho)(1-\beta)}\right](1-e^{-\rho t})$$

$$G^{N*}(t) = G_0 e^{-\rho t} + \left[\frac{a^4\lambda_M^2}{81 b^2 c_u C(\rho+\delta)} + \frac{a^4\lambda_R^2}{2\times 81 b^2 c_u c_v (1-\beta)(\rho+\delta)}\right](1-e^{-\rho t})$$

從而有結論4.14。

結論4.14：在非協作靜態博弈、製造商領導的斯塔克爾博格博弈和零售商領導的斯塔克爾博格博弈中，製造商產品的最優聲譽：$G^{MS*}(t) > G^{N*}(t) > G^{RS*}(t)$；其穩定狀態滿足 $G^{MS*}(+\infty) > G^{N*}(+\infty) > G^{RS*}(+\infty)$，且都隨激勵係數 β 的增大而增大。

結論4.14成立，只需要比較 $G^{MS*}(t)$、$G^{N*}(t)$、$G^{RS*}(t)$ 的係數。同時結論4.14也說明當製造商主導整個渠道時，產品的聲譽（Goodwill）最大，而當零售商主導渠道時聲譽最小，這和實踐是一致的。因為零售商主導渠道時，他更關心的是通過短期性努力來增加需求，不會顧及製造商產品品牌問題。而當製造商主導渠道時，他更關心產品的聲譽。另外，三種情況產品的聲譽都是隨激勵係數增大而增大，這就是說不論是哪種渠道結構，製造商的激勵對製造商產品的聲譽都是有好處的。

4.3.4.2 激勵係數 β 對渠道雙方最優利潤的影響分析

製造商之所以對零售商的長期性努力進行激勵，是因為希望能改變製造商的收益，因此我們需要分析激勵係數 β 的變化對製造商和零售商的利潤的影響。分析得出下面的結論：

結論4.15：在製造商領導的斯塔克爾博格博弈渠道中，當 $0 < \beta < 0.828,6$ 時，製造商的最優利潤和零售商的最優利潤都隨激勵係數 β 的增大而增大。

結論4.15成立的原因是對命題4.10中製造商和零售商的最優利潤函數對激勵係數 β 求導：

$$\frac{\partial \Pi^{MS*}(G)}{\partial \beta} = \frac{81 a^8 \lambda_R^{\ 2}(1566 - 1890\beta)}{16 \times 64^4 b^4 c_u^{\ 2} c_v \delta (\delta + \rho)^2 (1-\beta)^3}$$

$$\frac{\partial \pi^{MS*}(G)}{\partial \beta} = \frac{81^2 a^8 \lambda_R^{\ 2}}{4 \times 64^4 b^4 c_u^{\ 2} c_v \delta (\delta + \rho)^2 (1-\beta)^2} > 0$$

因此只有當 $1,566 - 1,890\beta > 0$（即 $0 < \beta < 0.828,6$）時，

$\dfrac{\partial \Pi^{MS*}(G)}{\partial \beta}$ 才大於零；而零售商最優利潤函數關於激勵系數 β 的導數 $\dfrac{\partial \pi^{MS*}(G)}{\partial \beta}$ 對任意的 β 都大於零。由於在同一個渠道類型（製造商主導的渠道系統）中，相同的 β 範圍為 $0 < \beta < 0.828,6$。

另外我們看到對製造商而言激勵系數 β 不應該趨近 1，即當 $0.828,6 \leqslant \beta \leqslant 1$ 時，對製造商的最優利潤有負的影響，是因為當 $\beta \in [0.828,6,1]$ 時，付出的激勵成本大於由於激勵帶來的收益。

結論 4.16：在零售商領導的斯塔克爾博格博弈渠道中，當 $0 < \beta < 0.333,3$ 時，製造商的最優利潤和零售商的最優利潤都隨激勵系數 β 的增大而增大。

結論 4.16 成立是因為：

$$\dfrac{\partial \Pi^{RS*}(G)}{\partial \beta} = \dfrac{a^8 \lambda_R^{\,2}(1-3\beta)}{8 \times 64^2 b^4 c_u^{\,2} c_v \delta (\delta+\rho)^2 (1-\beta)^3}$$

$$\dfrac{\partial \pi^{RS*}(G)}{\partial \beta} = \dfrac{2a^8 \lambda_R^{\,2}}{8 \times 64^2 b^4 c_u^{\,2} c_v \delta (\delta+\rho)^2 (1-\beta)^2} > 0$$

結論 4.17：在納什博弈渠道中，當 $0 < \beta < 0.6$ 時，製造商的最優利潤和零售商的最優利潤都隨激勵系數 β 的增大而增大。

結論 4.17 成立是因為：

$$\dfrac{\partial \Pi^{N*}(G)}{\partial \beta} = \dfrac{4a^8 \lambda_R^{\,2}(3-5\beta)}{8 \times 81^2 b^4 c_u^{\,2} c_v \delta (\rho+\delta)^2 (1-\beta)^3}$$

$$\dfrac{\partial \pi^{N*}(G)}{\partial \beta} = \dfrac{a^8 \lambda_R^{\,2}}{8 \times 81^2 b^4 c_u^{\,2} c_v \delta (1-\beta)^2 (\rho+\delta)^2} > 0$$

從結論 4.15、4.16、4.17 我們看到當製造商主導渠道時，製造商給出的可行的激勵區間是 $0 < \beta < 0.828,6$；當零售商主導的渠道時給出的可行的激勵區間是 $0 < \beta < 0.333,3$，納什渠

道關係時可行的激勵區間是 $0 < \beta < 0.6$，即滿足（$0 < \beta < 0.333,3$）$\subset$（$0 < \beta < 0.6$）$\subset$（$0 < \beta < 0.828,6$）。也就是說當製造商主導渠道時製造商給出的激勵程度最大，而當零售商主導渠道時，製造商是跟隨者，自然激勵程度較小，這與實際情況一致。由於在相應的渠道關係中，製造商和零售商的最優利潤函數都是激勵系數 β 的增函數，因此越大的激勵系數會帶來越大的利潤，因此在每種情況下，最優的激勵系數都應該去他們的上限，於是得到結論 4.18。

結論 4.18：在非協作靜態博弈、製造商領導的斯塔克爾博格博弈和零售商領導的斯塔克爾博格博弈中，製造商對零售商長期性努力最優補償激勵系數為：$\beta^{N*} = 0.6$，$\beta^{MS*} = 0.828,6$，$\beta^{RS*} = 0.333,3$。

4.3.4.3 渠道雙方最優利潤比較分析

根據命題 4.10、4.12、4.14 我們可以得到關於渠道雙方在不同博弈關係下最優利潤大小關係，其結果由結論 4.19 給出。

結論 4.19：在非協作靜態博弈、製造商領導的斯塔克爾博格博弈和零售商領導的斯塔克爾博格博弈中，

（ⅰ）製造商的最優利潤滿足：$\Pi^{MS*}(G) > \Pi^{N*}(G) > \Pi^{RS*}(G)$。

（ⅱ）零售商的最優利潤滿足：$\pi^{MS*}(G) > \pi^{RS*}(G) > \pi^{N*}(G)$。

（ⅲ）三種渠道中渠道成員的利潤滿足：$\Pi^{N*} > \pi^{N*}$，$\Pi^{MS*} > \pi^{MS*}$，$\Pi^{RS*} < \pi^{RS*}$。

（ⅳ）渠道總利潤滿足：$T_{總}^{MS*} > T_{總}^{N*} > T_{總}^{RS*}$。

結論 4.19 的證明見本章附錄 B。

4.3.5 結語

本節研究了一個製造商和一個零售商組成的分銷渠道最優

決策問題，將零售商的行銷努力分成兩類：一類是短期性努力；一類是長期性努力。付出這些努力時，零售商會付出一定的成本。要想零售商付出更多的長期性努力，那麼製造商必須給予零售商的長期性努力一定激勵，本書的激勵是指對零售商付出長期性努力的成本進行補償激勵，其系數為 β 。基於此本節建立了長期動態的非協作靜態博弈、製造商領導的斯塔克爾博格博弈和零售商領導的斯塔克爾博格博弈的三個博弈模型，結果表明：當激勵系數在一定範圍內時，製造商和零售商的最優利潤都隨激勵系數 β 的增大而增大。同時我們也比較了在三種模型中製造商和零售商的利潤大小關係，這些結果和單期的非協作靜態博弈、製造商領導的斯塔克爾博格博弈和零售商領導的斯塔克爾博格博弈的結果一致。在多期動態中：當零售商主導渠道時，零售商具有話語權，他會設置更高的零售價格以獲得更多的利潤；當製造商是領導企業且具有一定的話語權時，為了獲得較高的利潤，他們自然會提高其邊際利潤，這與實際是相符的；而當製造商在零售商領導的渠道關係中處於從屬地位時，其境況最差。可以看出在非協作靜態博弈、製造商領導的斯塔克爾博格博弈中製造商的利潤大於零售商領導的斯塔克爾博格博弈的利潤，而在零售商領導的斯塔克爾博格博弈中製造商利潤小於零售商領導的斯塔克爾博格博弈的利潤，後兩種情況表明博弈方的先行優勢；同時我們也發現零售商主導的渠道總利潤是最小的，也就是說在一個製造商和一個零售商組成的渠道中，儘管零售商可以主導整個渠道，但每個零售商獲得的最優利潤並不是最優的。本節還有一些需要繼續研究的問題，例如在建立模型時，我們只討論了一個零售商和一個製造商組成的渠道。顯然這種渠道結構可以拓廣，此時，製造商如何分配他們的激勵投資還值得研究。

4.4 簡評

本章我們在奇納塔干塔和吉安娜（1992），喬根森等（2001），斯特芬（2003）的基礎上，應用微分博弈方法研究了一個製造商和一個零售商組成的行銷渠道最優決策問題。主要關注兩個方面的問題：一是在多期動態問題中，最優決策是什麼，他們之間的關係如何。二是關心如何實現協作。本章的建模思路與靜態研究不同的是引入了製造商的品牌投資對產品（或製造商）的聲譽有累積作用，於是我們引入了動態微分方程。本書建立了渠道分析常見的四種模型：協作渠道博弈、非協作靜態博弈、製造商領導的斯塔克爾博格博弈和零售商領導的斯塔克爾博格博弈。結果表明對消費者而言，他們希望渠道整合或渠道協作，因為這樣的價格最低，這與實踐是吻合的。當零售商主導渠道時，零售商具有話語權，他會設置更高的零售價格以獲得更多的利潤；當製造商是領導企業時具有一定的話語權，為了獲得較高的利潤，他們自然也會提高其邊際利潤，這與實際是相符的。而製造商在零售商領導的渠道關係中處於從屬地位時，其境況最差。儘管製造商的品牌投資是時間的函數，但我們發現四種情況的最優品牌投資與時間無關，均為常數。從直覺上理解某一產品進行品牌投資應該是隨著時間遞增的，但增加的速度越來越小，最終達到一個穩定值，這可能與模型的建立有關。可以看出在非協作靜態博弈、製造商領導的斯塔克爾博格博弈中製造商的利潤大於零售商領導的斯塔克爾博格博弈的利潤，而在零售商領導的斯塔克爾博格博弈中製造商利潤小於零售商領導的斯塔克爾博格博弈的利潤，後兩種情

況表明博弈方具備先行優勢；同時在協作時渠道總利潤最大，這是帕累托最優狀態。我們還發現零售商主導的渠道總利潤是最小的，也就是說在一個製造商和一個零售商組成的渠道中，儘管零售商可以主導整個渠道，但每個零售商獲得的最優利潤並不是最優的。

為了實現協作，我們對協作利潤的分配引入分享系數 α。在滿足一些條件的情況下，協作是可以實現的，製造商和零售商的利潤都要優於其他幾種情況。

本章還有一些需要繼續研究的問題，例如：第一，影響製造商或產品的聲譽有多種因素，如製造商的產品質量、價格、廣告、零售商的銷售努力等，我們只是考察了製造商的品牌投資對渠道協作的影響。但如果考慮其他因素，一是會增加建模的複雜性，二是需要考慮各個因素之間的相互影響。不過這些問題利用我們的方法都能得到滿意的結論。第二，需要研究一個製造商與多個零售商的情況，在實踐中也具有很多相應的案例。我們可以把 n 個零售商的地位平等看待，那麼這時結論完全就是我們的一個推廣。其實在實際中 n 個零售商的小部分可能處於支配地位，大部分處於從屬地位。如在一個地區消費品市場上，沃爾瑪、家樂福等就處於支配地位，其他一些小零售商處於從屬地位，零售商之間又有一個主從問題，這些都需要進一步研究。第三，本章採用了需求函數 $q_i(t) = B_i(t)(a - bp_i(t))\sqrt{G(t)}$，目前需求函數的形式有多種，不同的表達形式可能結果不一樣，還需要分類研究，例如可以研究線性形式、指數形式，以及其他非線性形式。第四，渠道結構形式還需要一般化，如 n 個製造商和 n 個零售商。但在利用微分博弈方法分析時，數學上可能非常複雜。

本章附錄：

附錄 A：命題 4.9 和命題 4.10 的證明。

該博弈是動態博弈，採用逆向歸納法，給定製造商的策略，求零售商的最優策略。由於零售商的決策變量 $v(t)$ 隱含在 $G(t)$ 中，無法直接求導，於是其 HJB 方程為：

$$\max\{(p-M)(a-bp)u(t)\sqrt{G} - \frac{1}{2}c_u u(t)^2 - \frac{1}{2}(1-\beta)c_v v(t)^2 + \pi'(G)[\lambda_M B(t) + \lambda_R v(t) - \rho G]\} = \delta\pi(G) \quad (A1)$$

(A1) 式左邊關於 p、$u(t)$、$v(t)$ 的一階條件為：

$$p^* = \frac{a+bM}{2b}$$

$$u^*(t) = \frac{(a-bM)^2\sqrt{G(t)}}{4bc_u}$$

$$v(t)^* = \frac{\pi'(G)\lambda_R}{(1-\beta)c_v}$$

將最優的 p、$u(t)$、$v(t)$ 代入製造商的 HJB 方程為：

$$\max\{\frac{M(a-bM)^3 G}{8bc_u} - \frac{1}{2}cB(t)^2 - \frac{\pi'(G)^2\lambda_R^2\beta}{2(1-\beta)^2 c_v} + \Pi'(G)[\lambda_M B(t) + \frac{\pi'(G)\lambda_R^2}{(1-\beta)c_v} - \rho G]\} = \delta\Pi(G) \quad (A2)$$

(A2) 式左邊關於 M、$B(t)$、β 的一階條件為：

$$M^* = \frac{a}{4b}$$

$$B^*(t) = \frac{\Pi'(G)\lambda_M}{c}$$

代入零售商的最優決策：$p^* = \frac{5a}{8b}$，$u^*(t) = \frac{9a^2\sqrt{G}}{64bc_u}$，$v(t)^* = \frac{\pi'(G)\lambda_R}{(1-\beta)c_v}$ 代入 (A1) (A2) 得：

$$\frac{81a^4 G}{2\times 64^2 b^2 c_u} - \frac{\pi'(G)[2\Pi'(G)+\pi'(G)]\lambda_R^2}{2c_v}$$

$$+\frac{\pi'(G)\Pi'(G)\lambda_M^2}{c} - \pi'(G)\rho G = \delta\pi(G) \quad (A3)$$

$$\frac{27a^3 G}{8^3 b^2 c_u} - \frac{\lambda_R^2[4\Pi'(G)^2 - \pi'(G)^2]}{8c_v} + \frac{\Pi'(G)^2 \lambda_M^2}{2c}$$

$$+\frac{\Pi'(G)[2\Pi'(G)+\pi'(G)]\lambda_R^2}{2c_v} - \Pi'(G)\rho G = \delta\Pi(G) \quad (A4)$$

根據動態優化理論：設 $\pi(G)$，$\Pi(G)$ 的線性解為：$\pi(G) = x_1 G + x_2$，$\Pi(G) = y_1 G + y_2$ 代入（A3）（A4）式得：

$$\frac{81a^4 G}{2\times 64^2 b^2 c_u} - \frac{x_1[2y_1+x_1]\lambda_R^2}{2c_v} + \frac{x_1 y_1 \lambda_M^2}{c} - x_1 \rho G = \delta x_1 G + \delta x_2 \quad (A5)$$

$$\frac{27a^3 G}{8^3 b^2 c_u} - \frac{\lambda_R^2[4y_1 - x_1^2]}{8c_v} + \frac{y_1^2 \lambda_M^2}{2c} + \frac{y_1[2y_1+x_1]\lambda_R^2}{2c_v} - y_1 \rho G = \delta y_1 G + \delta y_2 \quad (A6)$$

對任意的 G 使得（A5）（A6）都成立，解得：

$$x_1 = \frac{81a^4}{2\times 64^2 b^2 c_u (\delta+\rho)}$$

$$x_2 = \frac{81\times 27 a^8 \lambda_M^2}{16\times 64^3 b^4 c_u^2 c\delta(\delta+\rho)^2}$$

$$-\frac{81^2 a^8 \lambda_R^2}{4\times 64^4 b^4 c_u^2 c_v \delta(\delta+\rho)^2(1-\beta)}$$

$$y_1 = \frac{27a^4}{8\times 64 b^2 c_u(\rho+\delta)}$$

$$y_2 = \frac{27^2 a^8 \lambda_M^2}{2\times 8^6 b^4 c_u^2 c\delta(\rho+\delta)^2}$$

$$-\frac{81^2 a^8 \lambda_R^2 \beta}{8\times 64^4 b^4 c_u^2 c_v \delta(\delta+\rho)^2(1-\beta)^2}$$

$$+\frac{81\times27a^8\lambda_R^2}{16\times64^3b^4c_u^2c_v\delta(\delta+\rho)^2(1-\beta)}$$

將 x_1, x_2, y_1, y_2 代入相應的表達式從而得到命題 4.9 和命題 4.10。

附錄 B：結論 4.19 的證明。

（ⅰ）根據命題 4.10、4.12、4.14 作差得到：

$$\Pi^{MS*}(G) - \Pi^{N*}(G) = \frac{1675a^4G}{3^4\times8^3b^2c_u(\rho+\delta)}$$

$$+\frac{4520825a^8\lambda_M^2}{2\times81^2\times8^6b^4c_u^2c\delta(\rho+\delta)^2}$$

$$+\frac{26269505a^8\beta\lambda_R^2}{8\times81^2\times64^4b^4c_u^2c_v\delta(\rho+\delta)^2(1-\beta)^2}$$

$$+\frac{12251755a^8\lambda_R^2}{16\times81^2\times64^3b^4c_u^2c_v\delta(\delta+\rho)^2(1-\beta)}>0$$

$$\Pi^{N*}(G) - \Pi^{RS*}(G) = \frac{47a^4G}{81\times128b^2c_u(\rho+\delta)}$$

$$+\frac{9823a^8\lambda_M^2}{3^8\times8^5b^4c_u^2c\delta(\rho+\delta)^2}$$

$$+\frac{2465\beta a^8\lambda_R^2}{8^5\times3^8b^4c_u^2c_v\delta(\delta+\rho)^2(1-\beta)^2}$$

$$+\frac{9823a^8c\lambda_R^2}{2\times81^2\times128^2b^4c_u^2c_vc\delta(\rho+\delta)^2(1-\beta)}>0$$

所以（ⅰ）得證。同樣方法可證明：

$\pi^{MS*}(G) > \pi^{RS*}(G) > \pi^{N*}(G)$。$\Pi^{N*} > \pi^{N*}$，$\Pi^{MS*} > \pi^{MS*}$，$\Pi^{RS*} < \pi^{RS*}$

渠道總利潤滿足：

$T_{總}^{MS*} = \Pi^{MS*} + \pi^{MS*} > T_{總}^{N*} = \Pi^{NS*} + \pi^{NS*} > T_{總}^{RS*} = \Pi^{RS*} + \pi^{RS*}$

5
基於顧客滿意的行銷努力激勵的渠道協作問題

目前國內外對渠道協作研究的文獻中主要是關注製造商和零售商，或製造商與分銷商之間的協作關係，而忽略了顧客在渠道協作中的作用。由於行銷渠道（或分銷渠道）成員包括終端顧客，那麼顧客的反應、滿意程度是否會影響渠道成員的決策？本章考慮顧客的滿意程度如何來影響渠道成員的決策。

本章分為四節：第一節分析顧客滿意在渠道決策中的重要性；第二節分析基於顧客滿意決策；第三節是一個簡要總結；第四節介紹一個簡單的案例。

5.1 顧客滿意在渠道決策中的重要性

20 世紀 60 年代，著名管理學家彼得·德魯克指出：公司的首要任務是創造顧客。過去，行銷學一直強調發現潛在顧客（有未滿足需求的顧客）和刺激顧客需求（彼得·德魯克，2006）。20 世紀 90 年代以後，企業行銷管理開始突出強調的是顧客滿意（呂一林，2005）。顧客滿意，是指顧客對某一事項已滿足其需求和期望的程度的意見，也是顧客在消費後感受到滿足的一種心理體驗。顧客滿意程度越高，企業競爭力越強，市場佔有率就越大，企業效益就越好，這是不言而喻的。因此當前市場的競爭主要表現在對顧客的「全面爭奪」。「顧客是上帝」「組織依存於顧客」已成為企業界的共識。因為，只有讓顧客對產品滿意，才會提高顧客的忠誠度，才會提高顧客重複購買的可能性。因此滿意的顧客、忠實的顧客是企業最重要的資源。讓「顧客滿意」也成為企業的渠道戰略。

我們在研究渠道協作時總是希望通過設計一些機制（這些機制一般都是「推式」機制）來促使渠道成員協作。但這些機

制是一把「雙刃劍」，因為一方面對製造商、零售商或分銷商來說可能是提高了他們協作的積極性，提高了他們的利潤，但往往這些可能是以犧牲顧客的利益為代價的。例如製造商、零售商協作可能會提高產品的零售價格，但這勢必增加顧客的支出，在同等質量商品的條件下，顧客可能會降低對產品的滿意度從而轉向其他品牌。一系列的原因使得渠道終端不滿意的顧客逐漸增多。如何解決這些矛盾，從渠道的整體規劃考慮優化配置各渠道成員的資源，視渠道為連接廠商和用戶的一種「產品」，通過盡可能經濟有效的渠道組織，發掘渠道成員的驅動力，將產品和服務通過渠道這個特殊的產品傳遞到用戶手中（賈東，2004），這是渠道協作決策的又一個關鍵問題。但同時，我們應該看到問題的難點，即顧客滿意是一個具有「模糊」邊界的概念，特別是要想建立一套能夠準確度量顧客滿意的指標體系有一定的難度。本章從另一個角度來討論渠道中的顧客滿意問題。如果製造商製造的產品通過零售商銷售，如果顧客滿意該產品，那麼該產品的銷量必然會增加。但這也與零售商的銷售策略、促銷策略、銷售努力相關。本章後續部分將進行專門研究。

5.2 基於顧客滿意的渠道動態決策分析

　　一般情況下，如果顧客滿意，那麼顧客必然會宣傳企業、宣傳產品，增加重複購買的可能性，這樣會增加產品的需求量。因此我們的基本假設是較高的顧客滿意導致較高的需求（楚和德塞，1995）。除了影響顧客滿意的「硬因素」——產品本身外，其他「軟因素」更多地與零售商有關。例如零售商對顧客的說明，產品的售後服務，零售商賣場貨架的分攤、零售商賣

場產品的擺放位置、產品的促銷方案等。為了研究方便，我們將這些引起顧客滿意度大小的「軟因素」都歸結為零售商的銷售努力。銷售努力又分為兩類：一類是通過銷售努力能夠增加「今天」銷售量，這類努力多是勸說式的、刺激需求迅速增長的短期手段，我們稱之為短期努力，諸如免費樣品、贈送優惠卷、「滿兩百返兩百」等。另一類是零售商的努力不增加「今天」的需求量，但增加顧客的滿意度，提高了製造商產品品牌的「聲譽（Goodwill）」，這樣就會增加產品「明天」的需求量，也就是說長期性努力水準必然有滯後性，即第 $k-1$ 期付出的服務水準影響第 k 期的銷售量，這類努力我們稱之為長期性努力，包括良好的售後服務等銷售努力。其示意圖如圖 5.1 所示。

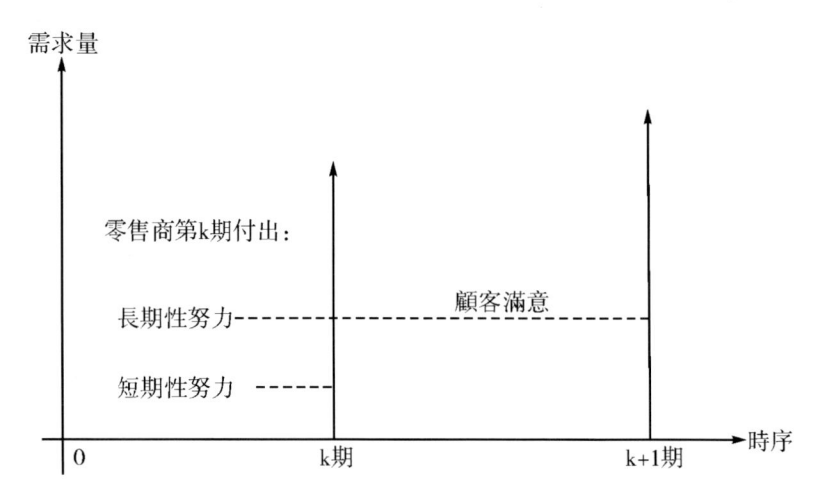

圖 5.1 零售商的努力對不同時期銷售量的影響

註：圖中需求量不代表需求量數值大小，只說明影響不同時期的需求量。

對零售商而言，他們更希望付出更多的短期性努力，獲得更多的當前利潤。而在渠道中，製造商看重未來的收益，希望零售商付出更多的長期性努力，這對品牌、聲譽都有很好的建設作用。但是由於製造商無法監督零售商的銷售努力，除非製

造商對零售商付出的長期性努力給予一定的補償，否則零售商沒有積極性去實施長期性努力。下面通過模型加以分析。

5.2.1 符號與基本假設

為了分析方便，此處先給出下列符號和基本假設：

(1) 渠道由一個製造商（Manufacturer）、一個零售商（Retailer）和顧客（Customer）組成。

(2) 零售商的努力水準分為短期性努力水準 s 和基於顧客滿意的長期性努力水準 e，短期性努力水準 s 只影響當期的銷售量，而長期性努力水準 e 影響下一期的銷售量。

(3) 努力水準具有滯後性，應該考慮多期渠道決策問題。不失一般性，考慮第 1 期和第 2 期。

(4) 第 1 期製造商的決策變量為批發價格 w_1、對零售商的長期性努力水準 e 的激勵 t（這裡的激勵是指對零售商採用努力水準 e 成本的補償 te），零售商的決策變量是短期性努力水準 s、基於顧客滿意的長期性努力水準 e 和零售價格 p_1。第 2 期製造商的決策變量為批發價格 w_2，零售商的決策變量是零售價格 p_2。其博弈順序和決策變量如圖 5.2 所示。

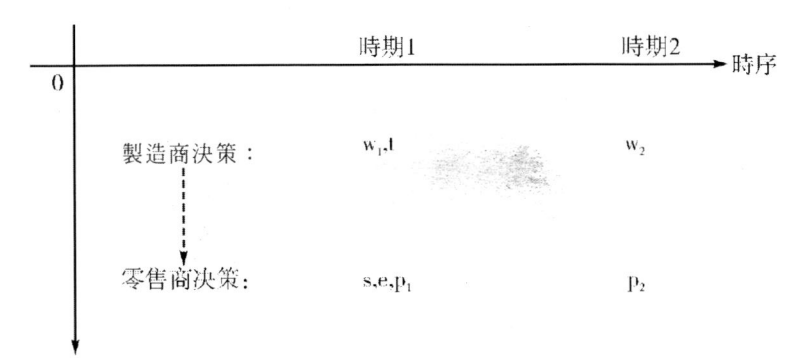

圖 5.2　製造商和零售商的博弈順序和決策變量

(5) 市場的需求函數[①]: $q_1 = a - bp_1 + s$, $q_2 = a - bp_2 + e$, $b > \frac{1}{2}$, 其中 a 是產品已經累積的聲譽。q_i, p_i, i ($i = 1,2$) 表示時期 i ($i = 1,2$) 的需求量和零售價格。

(6) 零售商的努力成本[②]: $c(s) = s^2$, $c(e) = e^2$, 顯然滿足 $c'(e) > 0, c''(e) > 0$。

(7) 楚和德塞（1995）: 製造商比零售商更看重未來的收益，因此零售商對未來收益的貼現系數要小於製造商對未來收益的貼現系數，為了方便假設製造商對未來收益的貼現系數 $\delta = 1$，零售商對未來的收益貼現系數 $\delta < 1$，於是: $\pi^M = \pi_1^M + \pi_2^M$。

$$\pi_1^M = q_1 w_1 - te = (a - bp_1 + s)w_1 - te \tag{5.1}$$

$$\pi_2^M = q_2 w_2 = (a - bp_2 + e)w_2 \tag{5.1'}$$

(8) 零售商可能追求短期的收益，未來的收益貼現系數 $\delta < 1$, $\pi^R = \pi_1^R + \delta\pi_2^R$, 其中:

$$\pi_1^R = q_1(p_1 - w_1) - s^2 - e^2 + te = (a - bp_1 + s)(p_1 - w_1) - s^2 - e^2 + te \tag{5.2}$$

$$\pi_2^R = q_2(p_2 - w_2) = (a - bp_2 + e)(p_2 - w_2) \tag{5.2'}$$

(9) 製造商和零售商的固定成本都為 0。[③]

[①] 關於需求函數目前採用的形式較多，如拉爾（1990）、杜塔等（1994）採用了零售商決策，德賽奧和穆圭爾採用了產品需求，本節採用了製造商決策，它反應需求量與價格、努力的關係。

[②] 我們在這章中採用的成本函數與第四章中的成本函數形式一樣，只是第四章多了 $\frac{1}{2}$ 和一個常數。本章沒有採用的原因是因為求解結果較複雜，納什和常數對結論沒有影響。

[③] 假設固定成本為零是為了計算的方便，可以假設固定成本為 c，喬伊斯（1991）還研究了成本 c 的變化。

5.2.2 基於顧客滿意的行銷努力渠道（CCS）動態決策分析

為了便於比較，本節先分析製造商對零售商沒有採用激勵措施的渠道決策問題。那麼（5.1）（5.2）式分別變為：

製造商的利潤為：
$$\pi^{MN} = (a - bp_1 + s)w_1 + (a - bp_2 + e)w_2 \quad (5.3)$$

零售商的利潤為：
$$\pi^{RN} = (a - bp_1 + s)(p_1 - w_1) - s^2 - e^2 + \delta(a - bp_2 + e)(p_2 - w_2) \quad (5.4)$$

根據假設4，採用逆向歸納法①求得兩期動態博弈的子博弈精煉納什均衡，如表5.1所示。

表 5.1　兩期動態博弈的子博弈精煉納什均衡

時期	階段	最優決策變量
時期 1	階段 1（製造商）	$w_1^{*N} = \dfrac{a}{2b}$
	階段 2（零售商）	$s^{*N} = \dfrac{a}{2(4b-1)}$
		$e^{*N} = \dfrac{a\delta}{16b - \delta}$
		$p_1^{*N} = \dfrac{(6b-1)a}{2b(4b-1)}$
時期 2	階段 3（製造商）	$w_2^{*N} = \dfrac{8a}{16b - \delta}$
	階段 4（零售商）	$p_2^{*N} = \dfrac{12a}{16b - \delta}$

---

① 博弈論的專著中都介紹了動態博弈的逆向歸納法，如：謝識予．經濟博弈論［M］．上海：復旦大學出版社，1997；張維迎．博弈論與信息經濟［M］．上海：三聯出版社，1996。

將表 5.1 中的表達式代入（5.3）（5.4）有：

製造商的最優利潤：

$$\pi^{MN*} = \frac{32ba^2}{(16b-\delta)^2} + \frac{a^2}{2(4b-1)} \quad (5.5)$$

零售商的利潤：

$$\pi^{*RN} = \frac{a^2\delta}{16b-\delta} + \frac{a^2}{4(4b-1)} \quad (5.6)$$

從表 5.1 和（5.5）（5.6）式可以得到如下結論。

結論 5.1：在基於顧客滿意的渠道（Channel for Customer Satisfaction，簡記為 CSS）中，

（ⅰ）製造商的最優利潤 π^{*NM} 隨零售商對未來貼現 δ 的增大而增大。

（ⅱ）零售商的最優利潤 π^{*NR} 隨 δ 的增大而增大。

（ⅲ）製造商第 1 時期的最優批發價隨產品本身的聲譽 a 增加而增加，第 2 時期最優批發價隨產品本身的聲譽 a、零售商對未來收益的體現 δ 的增加而增加。

（ⅳ）零售商在第 1 時期的短期努力 s、零售價格與未來的貼現無關，基於顧客滿意的努力水準 e 隨 δ 的增大而增大。第 2 時期的零售價格隨 δ 的增大而增大。

（ⅴ）製造商不給予零售商基於顧客滿意的努力水準激勵，零售商仍然有基於顧客滿意的努力的傾向。

結論 5.1 中（ⅰ）成立是由於 $\frac{\partial \pi^{MN*}}{\partial \delta} > 0$，其直觀意義在於零售商越看重未來的收益，就越會努力提高努力水準，並且從（ⅲ）也看出基於顧客滿意的努力水準 e 隨 δ 的增大而增大，那麼容易讓消費者滿意，並長期鎖住顧客，從而製造商獲得更多的回報；（ⅱ）成立是因為 $\frac{\partial \pi^{RN*}}{\partial \delta} > 0$；直接由單調性可以看

出（iii）、（iv）成立；（V）成立是由於 $e^{*N} = \dfrac{a\delta}{16b - \delta} \neq 0$。

5.2.3 基於顧客滿意的渠道激勵（CICS）動態決策分析

第二節分析了零售商採用短期行為和基於顧客滿意的長期行為。儘管製造商沒有對零售商的長期行為給予成本補貼，也就是本章所說的沒有對零售商激勵，但我們看到時期2的決策變量：製造商的批發價格 w_2，零售商的零售價格 p_2 都是基於顧客滿意的長期性努力水準 e 的增函數。同時，我們高興地看到，儘管製造商沒有對零售商激勵，但零售商還是願意採用努力水準 e，因為 $e^{*N} \neq 0$。那麼我們下面進一步探討，如果製造商對零售商進行激勵，雙方的得益能否提高？零售商是否會提高基於顧客滿意的長期性努力水準 e？結果證明答案是肯定的。下面我們進行分析。

將（5.1）（5.2）式分別變為：
製造商的利潤：
$$\pi^{MY} = (a - bp_1 + s)w_1 + (a - bp_2 + e)w_2 - te \quad (5.7)$$
零售商的利潤：
$$\pi^{RY} = (a - bp_1 + s)(p_1 - w_1) - s^2 - e^2 + te + \delta(a - bp_2 + e)(p_2 - w_2) \quad (5.8)$$

根據假設4，採用逆向歸納法求得兩期動態博弈的子博弈精煉納什均衡，如表5.2所示。

表 5.2　　兩期動態博弈的子博弈精煉納什均衡

時期	階段	最優決策變量
時期 1	階段 1（製造商）	$w_1^{*Y} = \dfrac{a}{2b}$
		$t^{*Y} = \dfrac{a[\delta(16b-\delta)-32b]}{16b-16b(16b-\delta)}$
	階段 2（零售商）	$s^{*Y} = \dfrac{a}{2(4b-1)}$
		$e^{*Y} = \dfrac{a\delta[2-2(16b-\delta)]+a[\delta(16b-\delta)-32b]}{(16b-\delta)[2-2(16b-\delta)]}$
		$p_1^{*Y} = \dfrac{(6b-1)a}{2b(4b-1)}$
時期 2	階段 3（製造商）	$w_2^{*Y} = \dfrac{16ab[2-2(16b-\delta)]+a[\delta(16b-\delta)-32b]}{2b(16b-\delta)[2-2(16b-\delta)]}$
	階段 4（零售商）	$p_2^{*Y} = \dfrac{48a(b[2-2(16b-\delta)]+3a[\delta(16b-\delta)-32b]}{4b(16b-\delta)[2-2(16b-\delta)]}$

結合表 5.1 和表 5.2 可得到結論 5.2。

結論 5.2：基於顧客滿意的渠道激勵（Channel Incentive for Customer Satisfaction，記為 CICS）中，

（ⅰ）零售商會付出基於顧客滿意的努力 e^{*Y}。

（ⅱ）製造商對零售商激勵（努力成本補貼）時，零售商付出基於顧客滿意的努力 e^{*Y} 大於製造商不對零售商激勵的努力水準 e^{*N}。

（ⅲ）製造商對零售商的長期性努力水準激勵 t^* 隨零售商對未來貼現 δ 的增大而減小。

結論 5.2 中（ⅰ）成立是因為 $e^{*Y} \neq 0$，（ⅱ）的證明見本章附錄 A。（ⅲ）成立是因為 $\delta \in (0,1)$ 時，$\dfrac{\partial t^{*Y}}{\partial \delta} = \dfrac{16ab(-\delta^2+30\delta-208b)}{[16b-16b(16b-\delta)]^2} < 0$，其直觀意義是明顯的，製造商激勵的目的是希望零售商多付出努

力 e，由於貼現 δ 越大，各方利潤都會增加，因此即使製造商激勵較弱，零售商也會付出更多的努力 e。其餘結論見結果分析（5.2.5 小節）。

5.2.4　兩時期渠道決策的整合問題（CI）

渠道整合歷來是行銷學者們關注的重點，更多的研究都是集中於一般的渠道整合，即製造商和零售商在一個時期內的整合（阿特和伯格倫德，1959；巴萊和里夏茨，1967；艾加，1978；斯特林，1986；吉蘭德和舒甘，1983，等）。我們認為在前面第二節、第三節兩種情況下，都應該考慮整合情況。由於在兩種情況下基於顧客滿意的努力水準都不為零，也就是說，不管製造商是否給予零售商激勵，零售商都有付出基於顧客滿意努力水準的偏好。渠道整合時應將製造商的利潤函數和零售商的利潤函數相加，這時只有製造商，零售商是他自己的組織，於是整個渠道的利潤函數都為：

$$\pi^C = p_1(a - bp_1 + s) - e^2 - s^2 + \delta p_2(a - bp_2 + e) \quad (5.9)$$

渠道整合中要使 π^C 最大，於是（5.9）式的其餘 4 個一階條件為：

$$p_1^{*C} = \frac{2a}{4b - 1}, \quad s^{*C} = \frac{a}{4b - 1}$$

$$e^{*C} = \frac{a\delta}{4b - \delta}, \quad p_2^{*C} = \frac{2a\delta}{4b - \delta}$$

將之代入（5.9）式 $\pi^{*C} = \frac{1}{3} + \frac{\delta}{4 - \delta}$。

結論 5.3：在渠道整合（Channel Integration，簡記為 CI）中，整個渠道成員會付出基於顧客滿意的努力水準，且基於顧客滿意的努力水準隨著貼現系數 δ 的增大而增大。

結論 5.3 成立是顯然的，因為 $e^{*C} = \frac{a\delta}{2\delta b + 2b - \delta} \neq 0$，同

時 $\frac{\partial e^{*C}}{\partial \delta} = \frac{2ba}{(2\delta b + 2b - \delta)^2} > 0$。其直觀意義是明顯的，渠道整合後，基於顧客滿意的努力水準付出越多，顧客重複購滿的可能性越大，他們的收益會增加，並且如果未來的貼現系數越大，渠道成員越會看重未來的收益，從而付出更多的基於顧客滿意的努力水準，同時我們看到短期性努力水準 s^{*C} 與未來貼現無關。

5.2.5 幾種模型的結果比較分析

前面部分我們分析了三種情況，一是零售商付出基於顧客滿意的努力水準，製造商不進行激勵（成本補貼）；二是零售商付出基於顧客滿意的努力水準，製造商激勵（成本補貼）；三是渠道一體化。那麼在實際中我們應該採用哪種渠道模式呢？因此我們需要對三種情況進行比較研究，得出下面的結論。

結論 5.4：（ⅰ）不管製造商是否給予零售商激勵（即在 CCS 和 CICS 兩種情況下），第一階段製造商的最優批發價格相同，即 $w_1^{*N} = w_1^{*Y}$。

（ⅱ）不管製造商是否給予零售商激勵（即在 CCS 和 CICS 兩種情況下），第一階段零售商的最優短期水準相同，但渠道整合後（即在 CI 下），短期性努力水準提高，即 $s^{*N} = s^{*Y} < s^{*C}$，且它們都與零售商的貼現 δ 無關。

（ⅲ）在 CCS、CICS 和 CI 下三種渠道模式中，基於顧客滿意的長期努力水準依次提高，即 $e^{*N} < e^{*Y} < e^{*C}$。

（ⅳ）不管製造商是否給予零售商激勵（即在 CCS 和 CICS 兩種情況下），第一階段零售商的最優零售價格相同，但在渠道整合後（即在 CI 下），零售價格降低，即 $p_1^{*N} = p_1^{*Y} > p_1^{*C}$。

（ⅴ）在 CCS、CICS 兩種渠道模式中，第二階段製造商的批發價格依次降低，即 $w_2^{*N} > w_2^{*Y}$。

（ⅵ）在 CCS、CICS 和 CI 下三種渠道模式中，第二階段最優零售價格依次提高，即 $p_2^{*Y} < p_2^{*N} < p_2^{*C}$。

證明見本章附錄 A。

結論 5.5：（ⅰ）在 CCS、CICS 和 CI 下三種渠道模式中，渠道最優總利潤依次提高，即 $\pi^{*總N} < \pi^{*總Y} < \pi^{*總C}$。

（ⅱ）在 CCS、CICS 兩種渠道模式中，零售商的最優利潤依次提高，即 $\pi^{*RN} < \pi^{*RY}$。

（ⅲ）在 CCS、CICS 下兩種種渠道模式中，製造商的最優利潤依次提高，即 $\pi^{*MN} < \pi^{*MY}$。

結論 5.5 主要說明在三種渠道模式下製造商和零售商的最優利潤大小關係，這需要比較 $\pi^{*MN}, \pi^{*MY}, \pi^{*MC}, \pi^{*RN}, \pi^{*RY}, \pi^{*RC}$ 的大小。由於 $\pi^{*MN}, \pi^{*MY}, \pi^{*MC}, \pi^{*RN}, \pi^{*RY}, \pi^{*RC}$ 的表達式較複雜，表達式中含有 a，b 常數。a，b 來自需求函數 $q_i = a - bp_i + s$，為了計算方便取 $a = 1$，$b = 1$ 不會影響表達式的大小關係①。

（ⅰ）的結果是顯然的結論，$\pi^{*總N}$，$\pi^{*總Y}$，$\pi^{*總C}$ 的表達式見本章附錄 B。為了直觀表示他們的大小關係通過 Matlab 軟件畫出它們的圖像如圖 5.3 所示。

圖 5.3 表明在基於顧客滿意的渠道（CCS）、基於顧客滿意的渠道激勵（CICS）和渠道整合（CI）中，渠道整合的渠道總利潤仍然最大，沒有基於顧客滿意激勵的渠道總利潤最小。

（ⅱ）π^{*RN} 和 π^{*RY} 的表達式見本章附錄 B。通過 Matlab 軟件可畫出如圖 5.4 所示圖像，因此不等關係成立。

（ⅲ）π^{*RN} 和 π^{*RY} 的表達式見本章附錄 B。通過 Matlab 軟件可畫出如圖 5.5 所示圖像，因此不等關係成立。

---

① 一些研究者採用過這樣的需求函數，如巴萊和里夏茨，1967；里夏茨，1970。

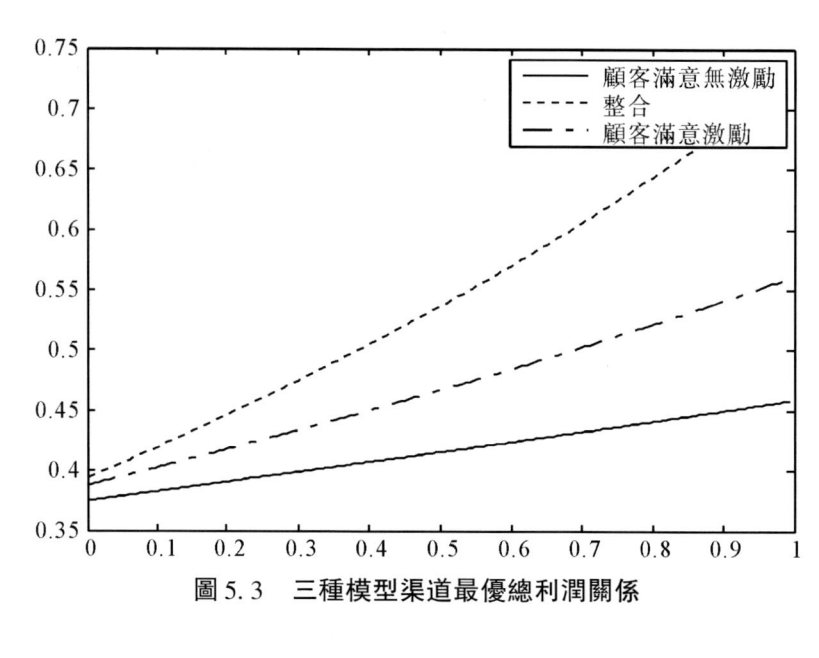

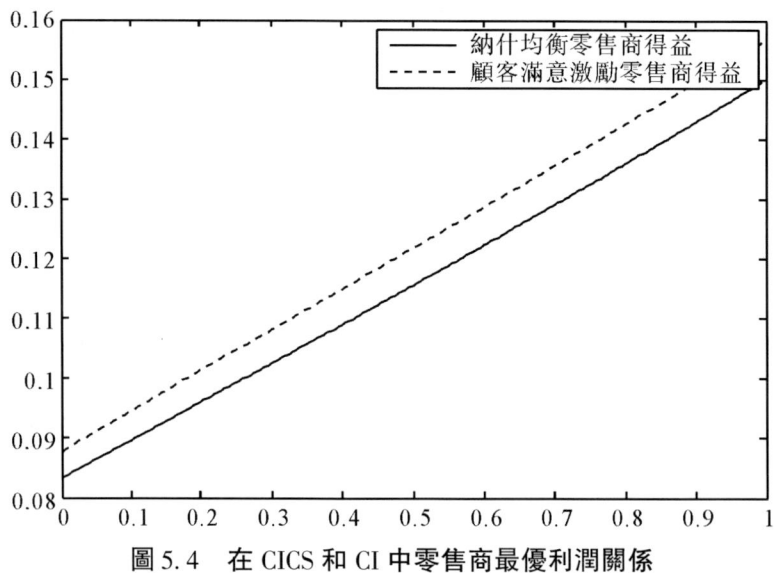

圖 5.3 三種模型渠道最優總利潤關係

圖 5.4 在 CICS 和 CI 中零售商最優利潤關係

而（ii）（iii）說明在 CCS、CICS 兩種渠道模式中，製造商和零售商的利潤都依次提高，正充分說明基於顧客滿意的渠

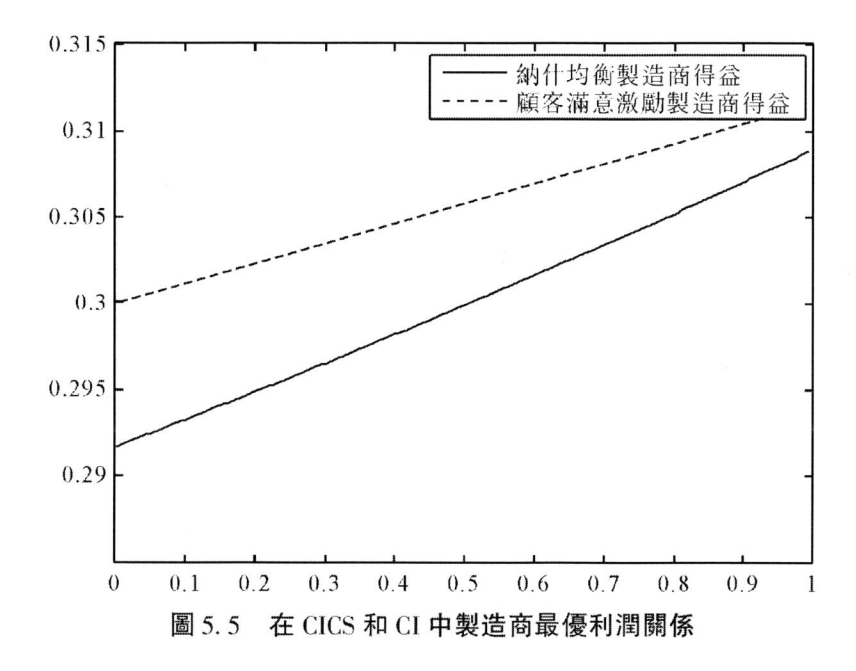

图 5.5 在 CICS 和 CI 中製造商最優利潤關係

道激勵（簡記為 CICS）是一種較好的機制，對行銷實踐具有一定的指導作用。

結論5.6：（ⅰ）在 CCS、CICS 下兩種渠道模式中，製造商和零售商的利潤都隨貼現系數 δ 的增大而增大。

（ⅱ）在 CCS、CICS 和 CI 下三種渠道中，渠道總利潤隨貼現系數 δ 的增大而增大。

值得注意的是結論5.6是在結論5.5的假設取 $a = 1$，$b = 1$ 的條件下得到的，結論5.6中（ⅰ）（ⅱ）成立是由圖5.3、圖5.4和圖5.5得到的。

5.3 結語

本書分析了一個製造商和一個零售商的渠道系統，將零售

商的努力水準分為短期性努力水準和基於顧客滿意的長期性努力水準，這種思想來自於豪澤等（1994）、楚和德塞（1995），而豪澤等（1994）的研究，主要針對雇員的激勵。楚和德塞（1995）的研究是針對渠道問題，他們主要將基於顧客滿意的長期性努力水準分解成兩部分激勵，其實質是一樣的。本書是對楚和德塞（1995）的工作的深入和完善，主要考慮了三種模式：製造商對零售商的長期性努力不激勵（CCS）、製造商對零售商的長期性努力激勵（CICS）和渠道整合（CI）。研究結果表明製造商即使不激勵，零售商也有基於顧客滿意的長期性努力偏好，而給予激勵時，零售商的這種偏好更加強烈。此後自然要考慮渠道整合問題，結果表明渠道整合時，渠道利潤帕累托優於其餘兩種情況。但現實中有很多例子表明渠道整合的實施非常困難，很容易陷入「囚徒困境」。

5.4　案例：某洗衣機製造商的基於顧客滿意的激勵

　　十多年來，中國洗衣機市場的競爭已進入白熱化階段，某洗衣機製造商一直力求帶給中國用戶最優質的洗衣機和服務，連續幾年來，其市場佔有率一路攀升。驕人的成績一是來源於優質的產品，二是來源於零售商基於顧客滿意的行銷努力。

　　據相關數據表明，中國洗衣機市場的銷售量已達千萬臺。不斷攀升的銷售數字也帶來了新一輪售後服務的大比拼。得益於始終秉承的「共生」及「感動」的理念，某洗衣機製造商在和零售商（大型家電銷售商）簽訂合約時，要求零售商在售前及售後服務中，一切從客戶的利益出發，在消費者心目中樹立了長效的優良口碑。

該製造商的相關負責人對此表示，在售前方面，某洗衣機製造商針對不同的用戶群體分別有不同的採購渠道，用戶只要根據自身需求，就能很容易找到相應的服務內容。在銷售方面，要求零售商不要急於眼前利潤，而是希望零售商著眼於讓顧客滿意，從購物環境、產品解說等方面努力。在售後服務上，製造商提供了防偽查詢、快修中心等服務。

　　該負責人認為：只要付出實實在在的努力，就一定能獲得廣大消費者的認可。於是近幾年該製造商的利潤逐年攀升，同時在零售商的洗衣機銷售排行榜中一直位居第一，雙方協作獲得了超額的利潤。

　　在和該負責人的交流中，他說得最多的就是，為了讓零售商付出更多基於顧客滿意方面的努力，他們每季度拿出銷售額的一定比例來激勵（補償）零售商，從而大大提高了零售商的積極性。近年來，該品牌的洗衣機在消費者中的聲譽逐步提高，銷量一路攀升，製造商和零售商都獲得了較多的利潤。

附錄 A：結論 5.4 的證明。

（ⅰ）是顯然的，因為 $w_1^{*N} = w_1^{*Y} = \frac{a}{2b} w_1^{*N} = w_1^{*Y}$。

（ⅱ）$s^{*N} = s^{*Y} = \frac{a}{2(4b-1)}$，$\frac{s^{*C}}{s^{*Y}} = \frac{4b-1}{2b}$，因為前面假設 $b > \frac{1}{2}$，所以 $\frac{s^{*C}}{s^{*Y}} > 1$，故有 $s^{*N} = s^{*Y} < s^{*C}$。

（ⅲ）因為 $e^{*C} = \frac{a\delta}{(2\delta+2)b - \delta}$，$e^{*N} = \frac{a\delta}{16b - \delta}$，要證 $e^{*N} < e^{*C}$ 成立，只需證明 $(2\delta+2)b - \delta < 16b - \delta$，因為貼現系數 $0 < \delta < 1$，$(2\delta+2)b - \delta < 16b - \delta$；又因為 $e^{*Y} = \frac{a\delta + 8bt}{16b - \delta}$，顯然 $e^{*N} < e^{*Y}$，下面證明 $e^{*Y} < e^{*C}$，將 $t^{*Y} = \frac{a[\delta(16b-\delta) - 32b]}{16b - 16b(16b-\delta)}$ 代入 e^{*Y}：

$$e^{*Y} = \frac{a\delta[2-2(16b-\delta)] + a[\delta(16b-\delta) - 32b]}{(16b-\delta)[2-2(16b-\delta)]}$$

$$< \frac{a\delta[2-2(16b-\delta)] - a[2-2(16b-\delta)]}{(16b-\delta)[2-2(16b-\delta)]}$$

$$= \frac{a\delta - a}{16b - \delta}$$

因此只需證明 $\frac{a\delta - a}{16b - \delta} < \frac{a\delta}{2\delta b + 2b - \delta}$，因為 $\frac{a\delta - a}{16b - \delta} < \frac{a\delta}{2\delta b + 2b - \delta} \Leftrightarrow (\delta - 1)(2\delta b + 2b - \delta) < \delta(16b - \delta) \Leftrightarrow 2b\delta^2 + (1 - 16b)\delta - 2b < 0$，令 $f(\delta) = 2b\delta^2 + (1 - 16b)\delta - 2b$，由於 $0 < \delta < 1$，所以 $f(\delta) < 0$，這就證明了 $e^{*Y} < e^{*C}$，綜上有 $e^{*N} < e^{*Y} < e^{*C}$ 成立。

（iv）$p_1^{*N} = p_1^{*Y} = \frac{(6b-1)a}{2b(4b-1)} = \frac{(6b-1)}{(4b-1)}\frac{a}{2b} < \frac{a}{2b} = p_1^{*C}$。

（v）因為 $w_2^{*N} = \frac{8a}{16b - \delta}$，

$$w_2^{*Y} = \frac{16ab[2-2(16b-\delta)] + a[\delta(16b-\delta) - 32b]}{2b(16b-\delta)[2-2(16b-\delta)]}$$

$$< \frac{16ab[2-2(16b-\delta)] - a[2-2(16b-\delta)]}{2b(16b-\delta)[2-2(16b-\delta)]}$$

$$= \frac{16ab - a}{2b(16b - \delta)} = \frac{a}{(16b - \delta)}\frac{16b - 1}{2b}$$

要證 $w_2^{*Y} < w_2^{*N}$，只需證明 $\frac{a}{(16b-\delta)}\frac{16b-1}{2b} < \frac{8a}{16b - \delta}$，因為 $\frac{a}{(16b-\delta)}\frac{16b-1}{2b} < \frac{8a}{16b-\delta} \Leftrightarrow \frac{16b-1}{2b} < 8 \Leftrightarrow 16b - 1 < 16b$，顯然成立。

（vi）$p_2^{*Y} = \dfrac{48ab[2-2(16b-\delta)] + 3a[\delta(16b-\delta) - 32b]}{4b(16b-\delta)[2-2(16b-\delta)]}$

$< \dfrac{48ab[2-2(16b-\delta)] - 3a[2-2(16b-\delta)]}{4b(16b-\delta)[2-2(16b-\delta)]}$

$= \dfrac{48ab - 3a}{4b(16b-\delta)}$

要證明 $p_2^{*Y} < p_2^{*N}$，只需證明 $\dfrac{48ab - 3a}{4b(16b-\delta)} < \dfrac{12a}{16b-\delta}$，因為 $\dfrac{48ab - 3a}{4b(16b-\delta)} < \dfrac{12a}{16b-\delta} \Leftrightarrow 16b - 1 < 16b$，顯然成立；下面證明 $p_2^{*N} < p_2^{*C}$，即證明 $\dfrac{12a}{16b-\delta} < \dfrac{2a\delta}{(2\delta+2)b-\delta}$。

由於 $\dfrac{12a}{16b-\delta} < \dfrac{2a\delta}{(2\delta+2)b-\delta} \Leftrightarrow \delta^2 - (4b+6)\delta - 12b < 0$，在 $0 < \delta < 1$ 的條件下是成立的。

附錄 B：結論 5.5 的證明。

當 $a = 1$，$b = 1$ 時，$w_1 = \dfrac{1}{2}$，$p_1 = \dfrac{5}{6}$，$s = \dfrac{1}{6}$，$t^{*Y} = \dfrac{[\delta(16-\delta) - 32]}{16 - 16(16-\delta)}$，$e^{*Y} = \dfrac{\delta[2-2(16-\delta)] + [\delta(16-\delta) - 32]}{(16-\delta)[2-2(16-\delta)]}$，$w_2^{*Y} = \dfrac{16[2-2(16-\delta)] + [\delta(16-\delta) - 32]}{2(16-\delta)[2-2(16-\delta)]}$，$p_2^{*Y} = \dfrac{48([2-2(16-\delta)] + 3[\delta(16-\delta) - 32]}{4(16-\delta)[2-2(16-\delta)]}$。

（i）$\pi^{*總N}$，$\pi^{*總Y}$，$\pi^{*總C}$ 的表達式為：

$\pi^{*總N} = \dfrac{32}{(16-\delta)^2} + \dfrac{\delta}{16-\delta} + \dfrac{1}{4}$

$\pi^{*總C} = \dfrac{3}{8} + \dfrac{4\delta - 3\delta^2}{(\delta+2)^2}$

$$\pi^{*總Y} = \frac{1}{4} - e^2 + (1 - p_2 + e)(\delta p_2 - \delta w_2 + w_2)$$

（ii）π^{*RN} 和 π^{*RY} 的表達式為：

$$\pi^{*RN} = \frac{\delta}{16 - \delta} + \frac{1}{12}$$

$$\pi^{RY} = \frac{1}{12} - e^2 + te + \delta(1 - p_2 + e)(p_2 - w_2)$$

（iii）π^{*MN} 和 π^{*MY} 的表達式為：

$$\pi^{MN*} = \frac{32}{(16 - \delta)^2} + \frac{1}{6}$$

$$\pi^{MY} = \frac{1}{6} + (1 - p_2 + e)w_2 - te$$

6
信息不對稱條件下的渠道協作激勵問題

第二章、第四章中介紹和探討了渠道協作機制，這些機制有利潤分享機制、數量折扣機制等，在這些研究中，製造商和零售商的信息是完全對稱的。這與實際情況不相符合。我們知道製造商和零售商分佈在行銷渠道的不同位置上，零售商接近消費市場，與消費者是「零距離」的，容易知道消費者的需求變化，可以根據不同的消費群體採用不同的促銷方法等。而製造商處於渠道的上端，處於信息劣勢。但是製造商知道更多的產品質量信息、成本信息等，處於渠道下端的零售商並不瞭解這些信息。因此他們的信息是不對稱的。於是本章在製造商和零售商的信息不對稱條件下，分析製造商和零售商的協作問題。

6.1　渠道激勵的必要性

6.1.1　激勵的內涵

　　「激勵」這個詞來源於拉丁語「Movere」，它的意思是「移動」「採取行動」。在《辭海》中，激勵（Motivation）的意思是：「激動、鼓勵，使振作。」激勵是一個心理學名詞，原意為促進、驅使人們行動的各種動力組合，這些動力包括個人內在性的動力和源於個人以外的外在性動力。激勵不等於刺激。激勵必須按照人的客觀行為規律性進行，激勵要綜合運用能夠影響人的行為的各種力量，激勵具有很強的目的性。同時按組織行為的觀點，激勵是持續激發人的工作動機的心理過程，它對人的行為趨向加以控制，即調動人的積極性的過程，它促進人們有效地完成組織的目標。

　　激勵是管理功能的精髓。激勵問題一直是西方管理研究的熱點，實際上激勵是一個針對所激勵對象的需要，採取外部誘

因對其進行刺激並使被激勵對象按激勵實施者的要求自覺行動的心理過程。

從激勵的定義和對它的理解，我們可以看出，激勵者希望被激勵者按照激勵者的要求或希望去完成激勵者的目標。之所以要激勵，是因為激勵者與被激勵者之間的信息不對稱。委託—代理理論實際上就是解決信息不對稱的一種理論方法。在委託—代理理論中，激勵是指委託方（激勵者）誘使具有私人信息的代理方（被激勵者）選擇有利於被激勵者同時也有利於激勵者的行為或行動。委託方（激勵者）不知道代理方（被激勵者）的行動水準，只能通過一些信號來推斷代理方（被激勵者）的行動，根據這些信號給予代理方（被激勵者）一定的物質或精神鼓勵，讓被激勵者朝著激勵者希望的方向努力，從而實現激勵目標。

6.1.2 建立行銷渠道激勵協作機制的必要性

從組織行為學的角度看，渠道中的製造商和零售商是「有限理性的。他們對待風險的態度不一樣，可能是風險中性的、可能是風險偏好的、也可能是風險規避的。並且他們處在行銷渠道不同的鏈級上，追求的目標可能不一致、信息可能不對稱。這樣製造商和零售商之間應有的協作，常常被一些機會主義行為所侵蝕。因此需要建立適當的渠道激勵機制[①]：一是能夠減輕它們之間的不協作行為。二是有利於組織目標的實現。渠道的目標是靠製造商和零售商的行為來實現的，特別是零售商的行為，而製造商和零售商的行為則是由積極性推動的。積極性從何而來？又如何使已有的積極性繼續保持？答案是激勵。三是有利於開發製造商和零售商的巨大潛能。四是有利於引導渠道

---

① 激勵機制（Motivation Mechanism）是通過一套理性化的制度來反應激勵主體與激勵客體相互作用的方式。

中個體目標與渠道總體目標的統一。個體目標和渠道總體目標之間既有一致性又存在著許多差異，這就產生了矛盾。當個體目標與渠道總體目標一致時，個體目標有利於渠道總體目標，但當兩者發生背離時，個體目標往往會干擾、甚至阻礙渠道總體目標的實現。這時渠道成員可以通過激勵來調整和修正不利於渠道總體目標的個體行為，從而使個體目標和渠道總體目標一致。因此建立必要的激勵機制十分必要。

其實，在科特勒的經典教材中也介紹了渠道激勵問題，他認為激勵是渠道管理的重要手段。我們知道只有產品銷售出去才會獲得利潤，而銷量的增加一方面要靠製造商進行品牌投資，另一方面要靠零售商的銷售努力，因此銷售量實際上是製造商和零售商共同努力的結果。製造商的努力更多的是隱性努力，零售商的努力更多的也是隱性努力，製造商和零售商容易出現「囚徒困境」現象，從而導致製造商和零售商之間存在著信息不對稱。為了激勵零售商對自己的品牌付出更多的努力，製造商必須承諾給零售商一部分渠道利潤。

從委託—代理理論的角度看，渠道中的製造商和零售商實質上是委託—代理關係。一種情況是製造商是委託人，零售商是代理人；另一種情況是零售商是委託人，製造商也可能是代理人。我們以第一種情況為例，製造商是委託人，零售商是代理人，製造商希望零售商密切配合，付出更多的努力多銷售他的產品，提供更好的售後服務。但零售商往往不只是代理一個品牌，會根據他的實際情況在不同品牌之間分配他的銷售努力，根據自己的利潤最大化進行決策。因此這時製造商需要設計激勵機制，引導或誘導零售商的行動，使零售商的目標和製造商的目標一致，從而確保製造商的利潤實現。

總體來講，不論是哪方激勵哪方，都是希望維持長期穩定的協作關係。渠道成員期望得到一些額外的收益，以作為其對

提高市場價值所做的努力的回報。因此，渠道成員之間的激勵首先應該是相互的。具體而言，製造商對於零售商的激勵是產品價格的優惠，以激勵零售商的銷售量；而零售商對於製造商的激勵則是提供優質的產品，提供更多的促銷產品、更多的廣告宣傳。在一個買方市場中，這種相互的激勵關係培養了相互之間的信賴和依賴感，形成了長期的利益關係。

6.2　渠道激勵協作的委託代理理論模型

　　本節主要研究由一個製造商、一個零售商組成的行銷渠道。一種情況是製造商是委託人，零售商是代理人；另一種情況是零售商是委託人，製造商是代理人。但本節將更多精力放在前一種情形。具體地講，零售商根據市場需求情況，向製造商發出訂單，製造商按照零售商的訂單組織生產並交付產品，他們之間就存在委託銷售產品的委託—代理關係。零售商可以選擇其努力水準，製造商只能觀測到零售商的產出，不能觀測到零售商的努力水準，不能觀測零售商的貨架分攤、位置擺放。他們之間的信息是不對稱的。零售商佔有信息優勢，被稱為代理人；製造商具有信息劣勢，被稱為委託人。雙方在追求各自利益最大化時，製造商希望提供給零售商更高的批發價格，同時零售商對製造商的產品實施更多的零售促銷、把其產品擺放在顯要位置，提供更多更好的售後服務，努力樹立該製造商品牌的「聲譽（Goodwill）」，從而得到更多的回報。但零售商又希望得到更低的批發價格，使投入的行銷努力減少。因此他們之間存在目標上的差異。零售商利用自己控制的銷售努力水準的信息優勢，保留一些私人信息產生不利於製造商的道德風險行為，

從而產生道德風險問題。為防範道德風險，需要設計恰當的激勵機制來保證代理方的努力水準。

6.2.1 渠道委託—代理基本模型

激勵機制設計的基本思想就是製造商通過設計最優的激勵機制，給予零售商一定程度上的轉移支付的激勵，並使轉移支付的多少和零售商最終的銷售量大小建立聯繫。這實際上是使零售商承擔了一定的風險，從而使零售商採取最優的銷售努力水準，最大限度地增加製造商的利潤水準。而製造商能否有效地激勵零售商，有賴於製造商所能獲得的有關零售商行為及行為結果的信息。於是製造商對零售商的激勵模型如下。

讓我們用 A 表示零售商所有可選擇的行動的組合，$e \in A$ 表示零售商的一個特定行動。我們假定 e 是代表零售商努力水準的一維變量。θ 是不受零售商和製造商控制的外生隨機變量，稱為「自然狀態」，Θ 是 θ 的取值範圍，θ 在 Θ 上的分佈函數和密度函數分別為 $F(\theta)$ 和 $f(\theta)$，一般來說我們假定 θ 是連續變量。在零售商選擇行動 e 後，外生變量 θ 實現。e 和 θ 共同決定一個可觀測的結果 $x(e,\theta)$ 和一個貨幣收入「產出」$\pi(e,\theta)$，其中 $\pi(e,\theta)$ 的直接所有權屬於製造商。我們假定 $\pi(e,\theta)$ 是 e 的嚴格遞增的凹函數（即給定 θ，零售商工作越努力，產出越高，但努力的邊際產出遞減），$\pi(e,\theta)$ 是 θ 的嚴格增函數（即較高的 θ 代表較為有利的自然狀態）。製造商的問題是設計一個激勵合同 $s(x)$，根據觀測到的 $x(e,\theta)$ 對零售商進行獎懲。

假定製造商和零售商的 $V-N-M$ 期望效用函數分別為 $v(\pi - s(x))$ 和 $u(s(\pi) - c(a))$，其中 $v' > 0, v'' \leq 0, u' > 0, u'' \leq 0, c' > 0, c'' > 0$，即製造商和零售商都是風險規避者或風險中性者，努力的邊際負效用是遞增的。那麼製造商的期望效用函數可以表示如下：

$$\int_{\Theta} v(\pi(e,\theta) - s(x(e,\theta)))f(\theta)\mathrm{d}\theta$$

製造商的問題就是選擇 $s(x)$ 最大化上述期望效用函數。但是，製造商在這樣做的時候，面臨著來自零售商的兩個約束。第一個約束是參與約束（Participation Constraint），即零售商從接受合同中得到的期望效用不能小於不接受合同時能得到的最大期望效用。零售商「不接受合同時能得到的最大期望效用」由他面臨的其他市場機會決定，這個期望效用稱為保留效用，設保留效用為 u_0。參與約束又稱個人理性約束（Individual Rationality Constraint），可以表述如下：

$$(IR) \int_{\Theta} u(s(x(e,\theta)))f(\theta)\mathrm{d}\theta - c(e) \geq u_0$$

第二個約束是零售商的激勵相容約束（Incentive Compatibility Constraint），即給定製造商不能觀測到零售商的行動 e 和自然狀態 θ，在任何的激勵合同下，零售商總是選擇使自己的期望效用最大化的行動 e，因此，任何製造商希望的 e 都只能通過零售商的效用最大化行為實現。換言之，如果 e 是製造商希望的行動，那麼，只有當零售商從選擇 e 中得到的期望效用最大化。激勵相容約束的數學表述如下：

$$(IC)\ \max_{e}\int_{\Theta} u(s(x(e,\theta)))f(\theta)\mathrm{d}\theta - c(e)$$

於是在委託—代理模型中，製造商的問題是選擇 $s(x)$ 最大化期望效用函數，滿足約束條件（IR）和（IC），即：

$$\max_{s(x)}\int_{\Theta} v(\pi(e,\theta) - s(x(e,\theta)))f(\theta)\mathrm{d}\theta$$

$$ST:(IC)\ \max_{e}\int_{\Theta} u(s(x(e,\theta)))f(\theta)\mathrm{d}\theta - c(e)$$

$$(IR)\int_{\Theta} u(s(x(e,\theta)))f(\theta)\mathrm{d}\theta - c(e) \geq u_0$$

6.2.2 信息不對稱下的渠道最優激勵模型

在目前日益激烈的市場競爭中，許多企業意識到除了產品質量、式樣等以外，提高服務水準也是取勝的關鍵。在市場中，我們常常看見零售商在銷售製造商的產品時，提供一些有吸引力的服務：購物優惠卡、免費更換、免費送貨、售前信息、操作人員培訓、修理和保養、良好購物環境等，這些都可以歸結到「服務」或「銷售努力」中。大量資料表明，產品技術越複雜，其銷售量越依靠伴隨產品的質量和服務（科特勒，1999）。在產品的市場需求對於服務水準敏感的情況下，製造商希望零售商努力工作來增加其產品銷量。然而，服務水準增加往往導致零售商銷售費用增加，因而一個重要的問題是製造商如何對零售商進行有效激勵。

6.2.2.1 基本假定

（1）由製造商（Manufacturer）和零售商（Retailer）組成渠道委託—代理關係中，製造商是委託人，零售商是代理人。製造商是風險中性的，零售商是風險規避的。

（2）市場的銷售量函數：$q = a - bp + \lambda e + \varepsilon$，其中 a 是市場飽和點[①]，p 是零售商的銷售價格，e 是零售商分銷的努力程度，正比於銷售量，其系數為 λ。這樣假設的合理性是零售商可能幫助消費者發現其需求，或者利用一些促銷手段讓消費者盡量購買等，這些都能增加整個市場的銷售量。ε 是隨機因素，服從期望為 0，方差為 σ^2 的正態分佈，即 $\varepsilon \sim N(0, \sigma^2)$。

（3）零售商按價格 p 銷售商品或服務，零售價格 p 由市場確定，也就是說零售價格是外生的，如泰勒（2001），帕斯特納克（1985），納拉亞南和拉曼（1997），拉里維埃（1999）。他

[①] 一些學者把 a 定義為產品的聲譽（Goodwill），如楚和德塞（1995）。

們認為如果零售市場是競爭市場時，那麼零售商只能是價格的接受者。另外製造商也可能有較大的零售價格控制能力，例如最低廣告價格，維持製造商的指導價格。批發價格 w 是由製造商和零售商討價還價確定的合同價格。

(4) 激勵合同為：$s(w) = \alpha + \beta wq = \alpha + \beta w(a - bp + \lambda e + \varepsilon)$。其中 α 是固定收益，β 是總收入的激勵系數，$0 \leq \beta \leq 1$。激勵合同的第一項表示製造商支付給零售商的固定收益；第二項是指製造商從他的總收益 wq 中提出部分 βwq 激勵零售商。

維茨曼提出採用線性合同的合理性（維茨曼，1980），霍姆斯特姆和米爾羅格姆（1987）證明了線性合同是能夠達到最優的。

(5) 製造商和零售商的單位成本和固定成本為零。

(6) 零售商的努力成本為 $c(e) = e^2$，滿足 $c'(e) > 0$，$c''(e) > 0$

6.2.2.2 渠道激勵模型

根據前面的假設，製造商是風險中性的，製造商的期望效用等於期望利潤。即：

$$E(\Pi) = E[wq - \alpha - \beta(wq)] = w(a - bp + \lambda e) - \alpha - \beta w(a - bp + \lambda e)$$

製造商選擇最優的激勵合同，即固定費用和激勵系數 β^* 最大化期望效用。即：

$$\max_{\alpha,\beta} - \alpha + w(1 - \beta)(a - bp + \lambda e) \tag{6.1}$$

零售商的收益為：

$$\pi = (p - w)q + \alpha + \beta wq - e^2 = (p - w + \beta w)(a - bp + \lambda e + \varepsilon) + \alpha - e^2$$

零售商是風險規避的，零售商追求的不是收益的最大化，而是收益所帶來的效用的最大化，零售商會在既定的約束條件下選擇適當的努力 e 使自己的期望效用最大化。現在假定零售商

的效用函數為 $u(\pi) = -e^{-\rho\pi}$。設絕對風險規避程度 $R_a(\pi) = -\dfrac{u''(\pi)}{u'(\pi)}$，即 $R_a(\pi) = \rho$。如果零售商喜歡冒險，則效用函數是凸函數，$R_a(\pi) < 0$；如果零售商是風險中性的，效用函數是線性的，$R_a(\pi) = 0$；如果零售商是風險規避的，效用函數為凹函數，$R_a(\pi) > 0$。這一函數的一個重要特徵就是可以用 ρ 值來度量零售商的風險規避程度。由於我們假設零售商是風險規避的，所以 $\rho > 0$。

因為零售商的效用函數的形式為 $u(\pi) = -e^{-\rho\pi}$，一般情況假設收益服從均值為 $E(\pi)$、方差為 $V(\pi)$ 的正態分佈，那麼

$$E(u(\pi)) = \int_{-\infty}^{+\infty} -e^{-\rho\pi} \frac{1}{\sqrt{2\tilde{\pi}V(\pi)}} e^{\frac{(\pi-E(\pi))^2}{2V(\pi)}} dx$$

$$= -e^{-\rho[E(\pi) - \frac{\rho V(\pi)}{2}]}$$

注意上式中的 π 是零售商收入，因為習慣性表述，而 $\tilde{\pi}$ 是指常數，$\tilde{\pi} = 3.14$。

定義零售商在不確定條件下的收益的確定性等值（Certainty Equivalent）為 CE，根據確定性等值的定義，零售商在獲得完全確定的收益 CE 時的效用水準等於他在不確定條件下的期望值，即 $u(CE) = E(u(\pi))$，所以 $-e^{-\rho CE} = -e^{-\rho[E(\pi) - \frac{\rho V(\pi)}{2}]}$，即 $CE = E(\pi) - \dfrac{1}{2}\rho V(\pi)$。於是代入有：

$$CE = E((p - w + \beta w)(a - bp + \lambda e + \varepsilon) + \alpha - e^2)$$
$$- \frac{1}{2}\rho V[(p - w + \beta w)(a - bp + \lambda e + \varepsilon) + \alpha - e^2)]$$

計算得到：

$$CE = (p - w + \beta w)(a - bp + \lambda e) + \alpha - e^2$$
$$- \frac{1}{2}\rho(p - w + \beta w)^2 \sigma^2$$

製造商的期望利潤函數是共同知識，零售商也知道。零售商的收益函數零售商自己知道，製造商不知道；製造商可以直接要求零售商努力銷售自己的產品，但零售商可能不會努力銷售，除非製造商能提供給零售商足夠的激勵（貨幣的或非貨幣的）。但是製造商提供激勵是有成本的，因此，製造商面臨著成本和收益的權衡。製造商設計機制或者說激勵方案（提成系數），其目的是自己的期望效用函數最大化，這就是（6.1）式。

但在製造商不知道零售商是否努力的情況下，零售商在製造商所設計的激勵機制下必須有積極性選擇製造商希望他們選擇的行動，即努力銷售他的產品。零售商的目標是使自己的期望效用最大化，製造商要使他努力銷售其產品，只有當零售商選擇製造商希望他選擇的行動時得到的期望效用不小於他選擇其他行動時得到的期望效用，零售商才有積極性選擇製造商所希望的行動。由於 $u(CE) = E(u(\pi))$，所以期望效用最大化等同於求 $u(CE)$ 最大化。又由於 $u(\pi) = -e^{-\rho\pi}$ 和 $\rho > 0$ 可知，零售商的效用函數 $u(\pi)$ 是單調遞增的，所以要實現 $u(CE)$ 最大化只需要零售商採取適當的行動 e 使得自己的確定性等值 CE 最大化，即：

$$\max_e CE = \max_e (p - w + \beta w)(a - bp + \lambda e) + \alpha - e^2 - \frac{1}{2}\rho(p - w + \beta w)^2 \sigma^2$$

這就是激勵相容約束，即有：

$$(IC) \max_e (p - w + \beta w)(a - bp + \lambda e) + \alpha - e^2 - \frac{1}{2}\rho(p - w + \beta w)^2 \sigma^2$$

於是上式的一階條件為：$e = \dfrac{(p - w + \beta w)\lambda}{2}$，從而激勵相容約束變為：

$$(IC) \quad e = \frac{(p - w + \beta w)\lambda}{2}$$

第二個約束是零售商的參與約束，零售商接受製造商的產品銷售，必須使得銷售製造商的產品獲得的效用不小於他的保留效用 u_0，或者說不小於他銷售其他產品獲得的效用。即：

$$(IR) \quad (p - w + \beta w)(a - bp + \lambda e) + \alpha - e^2 - \frac{1}{2}\rho (p - w + \beta w)^2 \sigma^2 \geq u_0$$

製造商知道只要零售商的效用不小於保留效用 u_0，零售商就會接受代理，於是製造商給出的激勵只需要滿足參與約束的等號成立，即有：

$$(IR) \quad (p - w + \beta w)(a - bp + \lambda e) + \alpha - e^2 - \frac{1}{2}\rho (p - w + \beta w)^2 \sigma^2 = u_0$$

綜合上面得到委託—代理模型為（Ⅰ）：

$$\max_{\alpha, \beta} \; -\alpha + w(1 - \beta)(a - bp + \lambda e) \tag{6.2}$$

$$ST: (IC) \quad e = \frac{(p - w + \beta w)\lambda}{2} \tag{6.3}$$

$$(IR) \quad (p - w + \beta w)(a - bp + \lambda e) + \alpha - e^2 - \frac{1}{2}\rho (p - w + \beta w)^2 \sigma^2 = u_0 \tag{6.4}$$

將 (6.3)(6.4) 式帶入 (6.2) 式有：

$$\max_{\alpha, \beta} ap - bp^2 + \frac{(p - w + \beta w)p\lambda^2}{2} - \frac{(p - w + \beta w)^2 \lambda^2}{4} - \frac{1}{2}\rho (p - w + \beta w)^2 \sigma^2 - u_0 \tag{6.4'}$$

製造商會選擇激勵系數 β^* 最大化期望效用，於是 (6.4') 式的一階條件為：

$$\beta^* = 1 - \frac{2p\rho\sigma^2}{(2\rho\sigma^2 + \lambda^2)w} \tag{6.5}$$

由於激勵系數需要在 0 至 1 之間，因此必須滿足 $w\lambda^2 \geq 2\rho\sigma^2(p-w)$。

將（6.5）式帶入（6.3）（6.4）式得到：

$$e^* = \frac{p\lambda^3}{2(2\rho\sigma^2 + \lambda^2)} \qquad (6.6)$$

從而製造商的最優期望利潤函數為：

$$E\Pi^* = ap - bp^2 + \frac{p^2\lambda^4}{2(2\rho\sigma^2 + \lambda^2)} - \frac{p^2\lambda^6 + 2\rho\sigma^2 p^2 \lambda^4}{4(2\rho\sigma^2 + \lambda^2)^2} - u_0$$

根據（6.3）（6.6）我們得到結論 6.1。

結論 6.1：零售商付出的最優努力程度與製造商給予的激勵係數正相關，與零售價格正相關，與風險規避度負相關，與批發價格無關。

結論 6.1 成立是因為 $\frac{\partial e}{\partial p} > 0$，$\frac{\partial e}{\partial \beta} > 0$，$\frac{\partial e}{\partial \rho} < 0$，$\frac{\partial e}{\partial \sigma^2} < 0$。直觀意義也是顯然的。零售商越是風險規避，產出的方差越大，零售商就越害怕努力工作，他承擔的風險就越小。

根據（6.5）式我們得到結論 6.2 和結論 6.3。

結論 6.2：當 $w\lambda^2 \geq 2\rho\sigma^2(p-w)$ 時，最優激勵係數與零售價格負相關，與批發價格正相關。

根據前面的假設，零售價格是由市場確定，如果零售價格越高，由供求關係得知市場需求可能就越低，如果這時還給較高的激勵係數，製造商就會失去一部分利潤。而批發價格是由雙方討價還價確定的，自然是批發價格越大，製造商就會獲得越多的利潤，這時製造商願意拿一部分利潤來激勵零售商。

結論 6.3：當 $w\lambda^2 \geq 2\rho\sigma^2(p-w)$ 時，最優激勵係數與風險規避度和產出方差負相關。

結論 6.3 成立是因為 $\frac{\partial \beta}{\partial \rho} < 0$，$\frac{\partial \beta}{\partial \sigma^2} < 0$。$\beta^* = 1 -$

$\frac{2p\rho\sigma^2}{(2\rho\sigma^2+\lambda^2)w}$ 說明零售商必須承擔一定的風險。如果零售商是風險中性的，即 $\rho = 0$，最優激勵系數 $\beta^* = 1$，最優激勵合同要求零售商承擔全部風險。

結論6.4：當激勵系數 $\beta \in [0, \frac{\lambda^2}{\lambda^2+2\rho\sigma^2}]$，製造商的期望利潤隨 β 的增大而增大；當 $\beta \in (\frac{\lambda^2}{\lambda^2+2\rho\sigma^2}, 1]$，製造商的利潤隨 β 的增大而減小。

結論 6.4 成立是因為 $\frac{\partial E\Pi}{\partial \beta} = \frac{(1-\beta)w^2\lambda^2 + 2(1-\beta)w^2\rho\sigma^2 - 2wp\rho\sigma^2}{2}$，當 $\beta \leq \frac{w\lambda^2+2w\rho\sigma^2-2p\rho\sigma^2}{w\lambda^2+2w\rho\sigma^2} \leq \frac{\lambda^2}{\lambda^2+2\rho\sigma^2}$ 時，$\frac{\partial E\Pi}{\partial \beta} \geq 0$。即 $\beta \in [0, \frac{\lambda^2}{\lambda^2+2\rho\sigma^2}]$ 時，製造商的期望利潤隨 β 的增大而增大，自然有當 $\beta \in (\frac{\lambda^2}{\lambda^2+2\rho\sigma^2}, 1]$ 時，製造商的期望利潤隨 β 的增大而減小。

從結論6.4我們可以看到銷售量的波動越大（σ^2 越大），製造商期望利潤遞增的激勵系數區間就越小，因為 $\frac{\lambda^2}{\lambda^2+2\rho\sigma^2}$ 的值越小。這和行銷實踐是一致的，如果某一產品銷售風險越大，這時製造商也不會加大對零售商的激勵。同時零售商銷售他的產品的努力的邊際產出越大（λ 越大），製造商期望利潤遞增的激勵系數區間就越大，這是因為如果零售商對他的產品的努力的邊際產出越大，對銷售量的貢獻就越大，製造商的利潤就會增加，因此製造商就會提高他的激勵比例。

進一步我們也看到，製造商期望利潤的最大值點並不是在

$\beta = 1$ 處，而是在 $\beta = \dfrac{\lambda^2}{\lambda^2 + 2\rho\sigma^2}$ 處，這和一般的激勵理論結論不一致。關於這點我們在本章結束的模型評論中做出解釋，它並不是矛盾的。

6.2.2.3 零售商努力可監督激勵模型

如果製造商可以觀測零售商的努力水準 e，那麼激勵約束 IC 不起作用，製造商可以通過滿足參與約束 IR 的強制實現。於是委託—代理模型由（Ⅰ）變為委託—代理模型為（Ⅱ）：

$$\max_{\alpha,\beta,e} -\alpha + w(1-\beta)(a-bp+\lambda e)$$

$$ST: (IR)\ (p-w+\beta w)(a-bp+\lambda e) + \alpha - e^2 - \frac{1}{2}\rho(p-w+\beta w)^2\sigma^2 = u_0$$

將參與約束的固定項 α 代入目標函數有：

$$\max_{\beta,e} p(a-bp+\lambda e) - e^2 - \frac{1}{2}\rho(p-w+\beta w)^2\sigma^2 - u_0 \tag{6.7}$$

最優化 (6.7) 式，要求 $e^* = \dfrac{p\lambda}{2}$，這說明其最優努力水準要求努力的邊際期望利潤等於努力的邊際成本（張維迎，1996）；同時要求 $\dfrac{1}{2}\rho(p-w+\beta w)^2\sigma^2$ $(p-w+\beta w)^2$ 越小越好，由於 $\beta \in [0,1]$，於是最優的 $\beta^* = 0$。

6.2.2.4 兩種情況的比較分析

（1）風險成本。當製造商不能觀測到零售商的努力水準時，零售商承擔的風險為 $\beta^* = 1 - \dfrac{2p\rho\sigma^2}{(2\rho\sigma^2 + \lambda^2)w}$，風險成本為 $\Delta RC = \dfrac{\rho\sigma^2 p^2 \lambda^4}{2(2\rho\sigma^2 + \lambda^2)^2} > 0$。

（2）最優努力水準的不同。在對稱信息下，努力水準為

$e^* = \dfrac{p\lambda}{2}$；在不對稱信息下，努力水準為 $e^* = \dfrac{\lambda p}{2} - \dfrac{p\lambda\rho\sigma^2}{2\rho\sigma^2 + \lambda^2}$。顯然，在對稱信息下努力水準大於在不對稱信息下的努力水準。在完全信息下，零售商在製造商的監督下付出帕累托最優努力，而在不對稱信息下，零售商是風險規避的，必然要考慮到風險。

（3）激勵成本。由較低的努力水準導致的期望產出的淨損失減去努力成本的節約。兩種情況的期望收益為 $E\Pi = w(a - bp + \lambda e)$，$\Delta E = p(a - bp + \lambda e)$。於是期望產出的淨損失為：

$$\Delta E\Pi = w(a - bp + \dfrac{p\lambda^2}{2}) - w(a - bp + \dfrac{p\lambda^2}{2} - \dfrac{p\lambda^2\rho\sigma^2}{2\rho\sigma^2 + \lambda^2})$$

$$= \dfrac{pw\lambda^2\rho\sigma^2}{2\rho\sigma^2 + \lambda^2} > 0$$

$$\Delta E = p(a - bp + \dfrac{p\lambda^2}{2}) - p(a - bp + \dfrac{p\lambda^2}{2} - \dfrac{p\lambda^2\rho\sigma^2}{2\rho\sigma^2 + \lambda^2})$$

$$= \dfrac{p^2\lambda^2\rho\sigma^2}{2\rho\sigma^2 + \lambda^2} > 0$$

努力成本的差為：

$$\Delta e^2 = (\dfrac{p\lambda}{2})^2 - (\dfrac{\lambda p}{2} - \dfrac{p\lambda\rho\sigma^2}{2\rho\sigma^2 + \lambda^2})^2$$

$$= \dfrac{(\rho\sigma^2 + \lambda^2)p^2\lambda^2\rho\sigma^2}{(2\rho\sigma^2 + \lambda^2)^2} > 0$$

所以，激勵成本為：

$$\Delta E - \Delta e^2 = \dfrac{p^2\lambda^2\rho^2\sigma^4}{(2\rho\sigma^2 + \lambda^2)^2} > 0$$

總代理成本為：

$$\Delta_{總} = \Delta RC + (\Delta E - \Delta e^2)$$

$$= \dfrac{(\lambda^2 + 2\rho\sigma^2)p^2\rho\sigma^2\lambda^2}{2(2\rho\sigma^2 + \lambda^2)^2} > 0$$

當零售商為風險中性時，$\rho = 0$，所以零售商代理成本 $\Delta RC + (\Delta E - \Delta e^2) = 0$，進一步，由於 $\dfrac{\partial \Delta_{總}}{\partial r} = \dfrac{p^2 \sigma^2 \lambda^4}{2(2\rho\sigma^2 + \lambda^2)^2} > 0$，$\dfrac{\partial \Delta_{總}}{\partial \sigma^2} = \dfrac{p^2 \rho \lambda^4}{2(2\rho\sigma^2 + \lambda^2)^2} > 0$，所以零售商代理成本隨零售商風險規避度 r 和產出方差 σ^2（代表不確定性）的上升而上升。

6.2.2.5 補充說明

在前面的分析中，零售商的利潤函數是：
$$\pi = (p - w)q + \alpha + \beta wq - e^2 = (p - w + \beta w)(a - bp + \lambda e + \varepsilon) + \alpha - e^2$$

將上式變形：$\pi = (p - w)(a - bp + \lambda e + \varepsilon) + \beta w(a - bp + \lambda e + \varepsilon) + \alpha - e^2$，可以看出表達式的第一項為 $(p - w)(a - bp + \lambda e + \varepsilon)$，即沒有激勵，零售商銷售製造商的產品能得到的收益。但表達式中含有隨機變量 ε。同樣在風險規避的假設下，根據 6.2.2.2 節其確定性等價收益為：
$$CE = (p - w)(a - bp + \lambda e) - e^2 - \frac{1}{2}\rho(p - w)^2 \sigma^2$$

說明零售商還是要規避一定的風險。於是在有激勵和沒激勵兩種情況下，風險成本差為：
$$\Delta\Delta RC = \frac{\rho\sigma^2}{2}\{2(p - w) + [1 - \frac{2p\rho\sigma^2}{(2\rho\sigma^2 + \lambda^2)w}]w\}[1 - \frac{2p\rho\sigma^2}{(2\rho\sigma^2 + \lambda^2)w}]w$$

由於零售價格 p 大於批發價格 w，所以 $\Delta\Delta RC > 0$。這說明在有激勵的機制下，零售商規避的風險較大。

6.3 多個製造商和一個零售商的渠道激勵協作的激勵分析

當我們走進某大型零售商場的牙膏專櫃時，琳琅滿目的牙膏產品映入眼簾。這些牙膏具有部分替代性，甚至一些具有較大的替代性。零售人員可能對不同的牙膏品牌，從功能、性價比等方面給消費者進行不一樣的介紹，或者是針對某一種特殊品牌，他會盡力勸你購買。一般地，零售商針對不同品牌付出的行銷努力不一樣，這時我們自然就容易想到是不是不同品牌的製造商給予的激勵政策不一樣，更直白地說是不是不同商家給出的折扣返點不一樣。本節基於這種實踐情況進行研究。從委託—代理理論的角度看，這就是多委託人的委託代理問題。

6.3.1 問題描述與模型[①]

我們研究兩個製造商在同一零售商銷售產品。製造商作為委託人，為方便起見分別記為 M_i，$i=1,2$。零售商作為代理人，零售商銷售每個製造商的一種產品，製造商 M_i 的產品記為商品 i。由於兩個製造商的產品具有部分替代性，當對手的商品服務水準不變時，提高自己商品的服務水準，在開拓市場的同時便可以吸引對手的顧客。因而每個製造商都想通過對零售商進行激勵來實現增加其商品銷量，並進而增加其利潤的目的。

本小節同 5.2 小節的研究思路一樣，假設兩製造商通過對零售商提供激勵機制來激勵零售商為自己的產品付出更多的努

[①] 5.3 節的符號意義同 5.2 節一樣，只有下標的表示不同，為避免重複，此處不再贅述。

力，由於信息不對稱，每個製造商都不能觀察到零售商的努力，但知道產品銷售量。由於多個製造商的競爭，零售價格 p 和批發價格 m 是由市場確定的（泰勒，2001；帕斯特納克，1985；納拉亞南和拉曼，1997；拉里維埃，1999），如果零售市場是競爭市場時，那麼零售商和製造商只能是價格的接受者。因此製造商 M_i（$i = 1,2$）的決策變量是（α_i, β_i），零售商銷售製造商 M_i 付出的努力為 e_i（$i = 1,2$）。他們之間的關係如圖6.1所示。

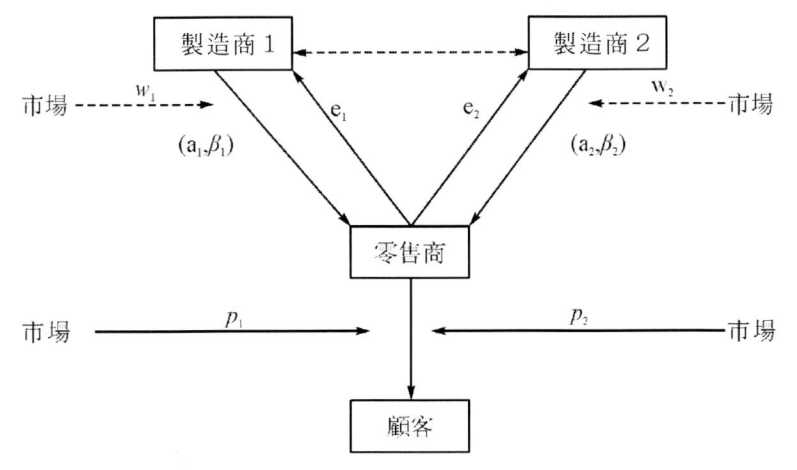

圖6.1　兩個製造商和一個零售商構成的激勵系統

與麥圭爾和斯特林（1983），吉蘭德和舒甘（1988）的假設相同，我們同樣假設製造商 M_i 的商品 i 的銷售量為：

$$q_i = a - bp_i + \gamma p_j + \lambda e_i - \tau e_j + \varepsilon_i, \quad i = 1,2, j = 3 - i$$

(6.8)

其中 p_i 是商品 i 的零售價格，a,b,λ,γ,τ 都是大於零的參數，並且滿足 $b > \lambda > 0$[①]，$\lambda \geqslant \tau \geqslant 1$。$b - \gamma$ 的值越小說明兩產品的替代度越大（喬伊斯，1991）。需求函數右邊的第四項和第五項說明：商品 i 的銷售量與零售商對商品 i 付出的努力成正

---

① 吉蘭德和舒甘（1988）對此做瞭解釋。

比，與零售商對商品 j 付出的努力成反比。也可以理解為零售商的商品 i 的銷售量不僅與該商品的行銷努力水準有關，也與另一種商品的行銷努力水準有關。當另一種商品行銷努力水準不變時，該商品的行銷努力水準提高，在開拓市場的同時，可以吸引對手的顧客。最後 $\varepsilon_i \sim N(0, \sigma_i^2)$ 且 ε_1 和 ε_2 是相互獨立的。仍然假定製造商是風險中性的，零售商是風險規避的。

於是製造商 M_i 的利潤函數為：

$$\Pi = -\alpha_i + w_i(1-\beta_i)(a - bp_i + \gamma p_j + \lambda e_i - \tau e_j + \varepsilon_i), i = 1, 2, j = 3 - i \qquad (6.9)$$

(6.9) 式的期望利潤為：

$$E\Pi = -\alpha_i + w_i(1-\beta_i)(a - bp_i + \gamma p_j + \lambda e_i - \tau e_j), i = 1, 2, j = 3 - i$$

零售商的收益為：

$$\pi = \sum_{i=1}^{2} [(p_i - w_i)q_i + \alpha_i + \beta_i w_i q_i - e_i^2]$$

$$= \sum_{i=1}^{2} [(p_i - w_i + \beta_i w_i)(a - bp_i + \gamma p_j + \lambda e_i - \tau e_j + \varepsilon_i) + \alpha_i - e_i^2]$$

根據 6.2 節的理論（具體見 6.2.2.2），零售商的確定性等價收益為：

$$CE = \sum_{i=1}^{2} [(p_i - w_i + \beta_i w_i)(a - bp_i + \gamma p_j + \lambda e_i - \tau e_j) + \alpha_i - e_i^2] - \frac{1}{2}\rho \sum_{i=1}^{2} (p_i - w_i + \beta_i w_i)^2 \sigma_i^2$$

最大化的兩個一階條件為：

$$e_1^* = \frac{\lambda(p_1 - w_1 + \beta_1 w_1) - \tau(p_2 - w_2 + \beta_2 w_2)}{2} \text{①}$$

$$e_2^* = \frac{\lambda(p_2 - w_2 + \beta_2 w_2) - \tau(p_1 - w_1 + \beta_1 w_1)}{2}$$

從上面兩式顯然可以得到以下結論。

結論6.5：在由多個製造商和一個零售商構成的渠道系統中，零售商對某個產品付出的行銷努力大小與該製造商給予的激勵系數的大小正相關，與其他製造商給予的激勵系數的大小負相關。

結論6.5與實踐是相符的，零售人員滿足經濟人的假設，面臨著多個具有一定替代性的產品，哪個製造商給「我」的「返點」比例越高，「我」就會努力向顧客推銷該產品。

結論6.6：在由多個製造商和一個零售商構成的渠道系統中，零售商對某個產品付出的行銷努力大小與該商品的零售價格和批發價格之差的大小正相關，與其他商品的零售價格和批發價格之差的大小負相關。

因為商品的零售價格和批發價格之差 $p_i - w_i$ 表示商品 i 的單位利潤，顯然零售商願意對單位利潤高的產品付出更多的努力。

根據上面的分析得到委託—代理模型（Ⅲ）：

製造商 M_1 和零售商：

$$\max_{\alpha_1, \beta_1} -\alpha_1 + w_1(1-\beta_1)(a - bp_1 + \gamma p_2 + \lambda e_1 - \tau e_2)$$

(6.10)

$$ST : (IC1)\, e_1^* = \frac{\lambda(p_1 - w_1 + \beta_1 w_1) - \tau(p_2 - w_2 + \beta_2 w_2)}{2}$$

(6.11)

---

① 將本節後面求出的最優激勵系代入表達式，只要參數滿足一定範圍，便可以保證其大於零。

$$(IC2)\ e_2^* = \frac{\lambda(p_2 - w_2 + \beta_2 w_2) - \tau(p_1 - w_1 + \beta_1 w_1)}{2} \tag{6.12}$$

$$(IR)(p_1 - w_1 + \beta_1 w_1)(a - bp_1 + \gamma p_2 + \lambda e_1 - \tau e_2) + \alpha_1 - e_1^2 - \frac{1}{2}\rho(p_1 - w_1 + \beta_1 w_1)^2 \sigma_1^2 = u_1 \tag{6.13}$$

製造商 M_2 和零售商：

$$\max_{\alpha_2, \beta_2} -\alpha_2 + w_2(1 - \beta_2)(a - bp_2 + \gamma p_1 + \lambda e_2 - \tau e_1) \tag{6.14}$$

$$ST:(IC1)\ e_1^* = \frac{\lambda(p_1 - w_1 + \beta_1 w_1) - \tau(p_2 - w_2 + \beta_2 w_2)}{2} \tag{6.11}$$

$$(IC2)\ e_2^* = \frac{\lambda(p_2 - w_2 + \beta_2 w_2) - \tau(p_1 - w_1 + \beta_1 w_1)}{2} \tag{6.12}$$

$$(IR)(p_2 - w_2 + \beta_2 w_2)(a - bp_2 + \gamma p_1 + \lambda e_2 - \tau e_1) + \alpha_2 - e_2^2 - \frac{1}{2}\rho(p_2 - w_2 + \beta_2 w_2)^2 \sigma_2^2 = u_2 \tag{6.15}$$

委託—代理模型（Ⅲ）分為兩部分，第一部分是製造商 M_1 與零售商的委託—代理關係，第二部分是製造商 M_2 與零售商的委託—代理關係。在兩種代理關係中，激勵相容條件（$IC1$）（$IC2$）是相同的，因為零售商會選擇兩種產品的行銷努力使得自己的利潤最大化。而參與約束（6.13）（6.15）是不同的，因為零售商是否願意代理每種產品主要取決於從每種產品獲得的利潤是否大於他的保留效用。而每個製造商只能在他和零售商的代理關係中最大化，這就是表達式（6.10）（6.14）。

6.3.2 製造商最優決策的求解與分析

模型的求解思路：激勵相容約束已經求出了零售商的最優

化選擇，將激勵相容約束和參與約束，分別代入兩個製造商的利潤函數，由於兩個製造商是競爭關係，他們同時選擇自己的激勵合同，使得自己的利潤達到最大化。

於是將（6.11）（6.12）（6.13）式分別帶入（6.10）式，將（6.11）（6.12）（6.15）式分別帶入（6.14）式，得到：

$$\max_{\beta_1}(\Lambda_1 + w_1)\left[\Psi_1 + \frac{(\lambda^2 + \tau^2)(\Lambda_1 + \beta_1 w_1) - 2\tau\lambda(\Lambda_2 + \beta_2 w_2)}{2}\right]$$
$$- \frac{[\lambda(\Lambda_1 + \beta_1 w_1) - \tau(\Lambda_2 + \beta_2 w_2)]^2}{4} - \frac{1}{2}\rho(\hat{\Lambda}_1 + \beta_1 w_1)2\sigma_1^2 - u_1$$

(6.16)

$$\max_{\beta_2}(\Lambda_2 + w_2)\left[\Psi_2 + \frac{(\lambda^2 + \tau^2)(\Lambda_2 + \beta_2 w_2) - 2\tau\lambda(\Lambda_1 + \beta_1 w_1)}{2}\right]$$
$$- \frac{[\lambda(\Lambda_2 + \beta_2 w_2) - \tau(\Lambda_1 + \beta_1 w_1)]^2}{4} - \frac{1}{2}\rho(\hat{\Lambda}_2 + \beta_2 w_2)2\sigma_2^2 - u_2$$

(6.17)

其中 $\Lambda_i = p_i - w_i$，$\Psi_i = a - bp_i + \gamma p_j$，$i = 1,2, j = 3 - i$。由於市場的競爭使兩個製造商同時決策選擇自己的最優決策，於是分別對（6.16）（6.17）式的 β_1 和 β_2 分別求導得到：

$$(\lambda^2 w_1 + 2\rho\sigma_1^2 w_1)\beta_1 - \tau\lambda w_2 \beta_2 = (\Lambda_1 + w_1)(\lambda^2 + \tau^2) - \lambda^2\Lambda_1 + \tau\lambda\Lambda_2 - 2\rho\sigma_1^2\Lambda_1$$

(6.18)

$$(\lambda^2 w_2 + 2\rho\sigma_2^2 w_2)\beta_2 - \tau\lambda w_1 \beta_1 = (\Lambda_2 + w_2)(\lambda^2 + \tau^2) - \Lambda_2\lambda^2 + \tau\lambda\Lambda_1 - 2\rho\sigma_2^2\Lambda_2$$

(6.19)

聯立（6.18）（6.19）解得：

$$\beta_1^* = \frac{p_2(\lambda^2 + \tau^2)\tau\lambda + p_1(\lambda^2 + \tau^2)(\lambda^2 + 2\rho\sigma_2^2) - (p_1 - w_1)[(\lambda^2 + 2\rho\sigma_1^2)(\lambda^2 + 2\rho\sigma_2^2) - \tau^2\lambda^2]}{[(\lambda^2 + 2\rho\sigma_1^2)(\lambda^2 + 2\rho\sigma_2^2) - \tau^2\lambda^2]w_1}$$

(6.20)

$$\beta_2^* = \frac{p_1(\lambda^2 + \tau^2)\tau\lambda + p_2(\lambda^2 + \tau^2)(\lambda^2 + 2\rho\sigma_1^2) - (p_2 - w_2)[(\lambda^2 + 2\rho\sigma_1^2)(\lambda^2 + 2\rho\sigma_2^2) - \tau^2\lambda^2]}{[(\lambda^2 + 2\rho\sigma_1^2)(\lambda^2 + 2\rho\sigma_2^2) - \tau^2\lambda^2]w_2}$$

(6.21)

將（6.20）（6.21）變形為：

$$\beta_1^* = 1 - \frac{p_1[(2\rho\sigma_1^2 - \tau^2)(\lambda^2 + 2\rho\sigma_2^2) - \tau^2\lambda^2] - p_2(\lambda^2 + \tau^2)\tau\lambda}{[(\lambda^2 + 2\rho\sigma_1^2)(\lambda^2 + 2\rho\sigma_2^2) - \tau^2\lambda^2]w_1}$$

(6.22)

$$\beta_2^* = 1 - \frac{p_2[(\lambda^2 + 2\rho\sigma_1^2)(2\rho\sigma_2^2 - \tau^2) - \tau^2\lambda^2] - p_1(\lambda^2 + \tau^2)\tau\lambda}{[(\lambda^2 + 2\rho\sigma_1^2)(\lambda^2 + 2\rho\sigma_2^2) - \tau^2\lambda^2]w_2}$$

(6.23)

當 $(\lambda^2 + 2\rho\sigma_2^2)(\lambda^2 w_1 + p_1\tau^2 + 2\rho\sigma_1^2 w_1 - 2\rho\sigma_1^2 p_1) \geqslant p_2(\lambda^2 + \tau^2)\tau\lambda$ 時，能夠滿足 β_i^* 在 0 到 1 之間。

從 (6.20)(6.21) 式我們可以得到下面結論。

結論 6.7：在多製造商渠道系統中，某個製造商給零售商的最優激勵係數與零售商銷售他的產品的單位利潤成反比。

從 (6.22)(6.23) 式我們可以得到下面結論。

結論 6.8：在多製造商渠道系統中，某個製造商給零售商的最優激勵係數與他的產品的零售價格成反比，與對方產品的零售價格成正比。

結論 6.7 的前半部分的直觀意義與 6.2 節的結論 6.2 是一致的。而後半部分的意義可以理解為當市場總量一定時，對方的價格越高，他的銷售量越低，而自己的產品品牌的銷量就會增加，這是提高激勵係數，進一步使雙方利潤增加。

結論 6.9：當 $(\lambda^2 + 2\rho\sigma_2^2)(\lambda^2 w_1 + p_1\tau^2 + 2\rho\sigma_1^2 w_1 - 2\rho\sigma_1^2 p_1) \geqslant p_2(\lambda^2 + \tau^2)\tau\lambda$ 時，在多製造商渠道系統中，某個製造商給零售商的最優激勵係數與他的產品的批發價格成正比。

6.3.3 算例

設某零售大商場銷售兩個製造商生產的具有替代性的產品，產品的銷售量形式是線性的，$q_i = 1 - p_i + \frac{1}{2}p_j + 4e_i - 3e_j + \varepsilon_i$。$\varepsilon_i$ 是一個隨機變量，遵循正態分佈，期望等於零，方差為 $\sigma_i^2 = 10$。零售商的風險規避度 $\rho = 0.5$，製造商是風險中性的。固定

费用 $\alpha = 300$ 元，β_i 是製造商為零售商設定的報酬激勵系數，零售商的努力成本 $c(e_i) = e_i^2$，所有 $i = 1, 2, j = 3 - i$。計算兩個製造商的報酬激勵系數。

解：根據式（6.22）(6.23）式，有計算的最優激勵系數為：

$$\beta_1^* = 1 - \frac{10,442p_1 - 300p_2}{13,342w_1}$$

$$\beta_2^* = 1 - \frac{10,442p_2 - 300p_1}{13,342w_2}$$

由於假定 p_1, p_2, w_1, w_2 是由市場確定，顯然滿足 $p_1 \geq w_1$，$p_2 \geq w_2$，用 Matlab 軟件隨機模擬 10 個數組，並用 Excel 計算 β_1^*, β_2^* 如表 6.1 所示。

表 6.1　　　　　最優激勵的仿真模擬結果

p_1	w_1	p_2	w_2	β_1^*	β_2^*
109	99	95	85	0.159,881	0.154,117
89	79	85	79	0.142,483	0.183,249
102	92	65	55	0.148,175	0.116,76
97	81	90	77	0.087,747	0.113,55
90	76	88	74	0.099,224	0.096,639
85	71	111	94	0.098,188	0.096,15
119	112	80	68	0.184,505	0.118,595
78	66	120	98	0.115,943	0.059,56
111	90	108	88	0.061,725	0.067,848
99	79	109	89	0.050,246	0.066,496

6.4 一個製造商和多個零售商的渠道協作問題

6.2 節我們研究了一個製造商和一個零售商構成的渠道激勵問題，6.3 節我們研究了多個製造商和一個零售商的激勵問題，得到了一些有用的結論。本節我們繼續研究另一種渠道結構：一個製造商和多個零售商構成的渠道，即幾個零售商競爭性地銷售同一個品牌，艾加（1978），艾加和祖曼（1982），麥圭爾和斯特林（1983）等已經進行了這方面的研究。一個製造商和多個零售商構成的渠道在現實中非常普遍，例如大眾汽車公司在成都就有多個零售商銷售他們各種類型的轎車。因此這種情況值得進一步研究。

6.4.1 模型的建立與求解[①]

不失一般性，我們研究一個製造商的產品由兩個零售商銷售，製造商作為委託人，兩個零售商作為代理人，為了方便，分別記為 R_i, $i = 1,2$。這實際上是多代理人的委託—代理模型。假設製造商通過對兩個不同的零售商提供激勵機制來激勵零售商付出更多的努力，由於信息不對稱，每個製造商都不能觀察到零售商的努力，但知道產品的銷售量。仍然假設零售價

[①] 6.4 節的符號意義同 6.2 節、6.3 節一樣，只有下標的表示不同，為避免重複，此處不再贅述。

格 p_i ①和批發價格 w ②都是由市場確定的，如泰勒（2001），帕斯特納克（1985），納拉亞南和拉曼（1997），拉里維埃（1999）認為如果零售市場是競爭市場時，那麼零售商和製造商只能是價格的接受者。因此製造商的決策變量是(α_i,β_i)，零售商銷售製造商的產品付出的努力為 e_i，$i=1,2$。他們之間的關係如圖6.2所示。

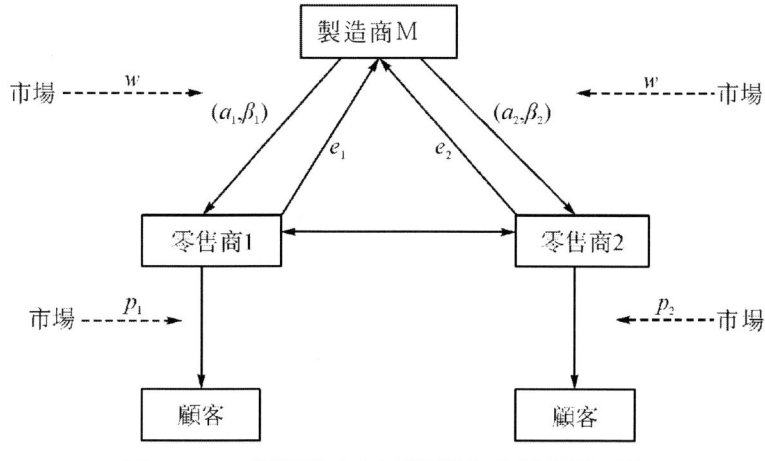

圖6.2 一個製造商和兩個零售商的激勵系統

我們假設零售商 i 的銷售量為：

$$q_i = a - bp_i + \gamma p_j + \lambda e_i - \tau e_j + \varepsilon, \ i=1,2, j=3-i$$

(6.24)

其中 p_i 是零售商 i 的零售價格，a,λ,γ,τ 都是大於零的參數，並且滿足，$\lambda \geqslant \tau \geqslant 1$。參數 $\dfrac{\gamma}{b}$ 表示兩個零售商的競爭程

---

① 儘管零售價格是由市場確定的，但仍有可能不一樣，典型的問題是價格歧視。

② 關於批發價格和6.3節不一樣，因為6.3節是不同的製造商生產不同的產品的邊際成本可能不一樣，因此批發價格可能不一樣，而本節是同一個製造商針對不同的零售商，那麼批發價格應該相同，因此 $w_1 = w_2 = w$。

度，$\frac{\gamma}{b} = -\frac{\partial q_i/\partial p_j}{\partial q_i/\partial p_i}$，$i = 1,2, j = 3 - i$，$0 \leq \frac{\gamma}{b} < 1$，當 γ 趨近於 0 時，說明兩零售商沒有競爭，當 γ 趨近於 1 時，說明兩零售商完全競爭。需求函數右邊的第四項和第五項說明：商品的銷售量與零售商 R_i 對商品付出的努力成正比，與零售商 R_j 付出的努力成反比[1]。$\varepsilon \sim N(0, \sigma^2)$[2]仍然假定製造商是風險中性的，零售商是風險規避的。

製造商 M 的期望利潤函數是兩個零售商銷售的產品獲得的利潤總量：

$$\Pi = \sum_{i=1}^{2} [-\alpha_i + w(1 - \beta_i)(a - bp_i + \gamma p_j + \lambda e_i - \tau e_j)]$$

$i = 1,2, j = 3 - i$ \hfill (6.25)

零售商 R_i 的收益為：

$$\pi_i = (p_i - w + \beta_i w)(a - bp_i + \gamma p_j + \lambda e_i - \tau e_j + \varepsilon) + \alpha_i - e_i^2]$$

根據 6.2 節的理論（具體見 6.2.2.2），零售商 R_i 的確定性等價收益為[3]：

$$CE_i = [(p_i - w + \beta_i w)(a - bp_i + \gamma p_j + \lambda e_i - \tau e_j) + \alpha_i - e_i^2] - \frac{1}{2}\rho_i (p_i - w + \beta_i w)^2 \sigma^2$$

最大化的一階條件為：

$$e_i^* = \frac{(p_i - w + \beta_i w)\lambda}{2}$$

---

[1] 6.3 節和本節都有變量 e_1, e_2，但意義不一樣，6.3 的 $G(0) = G_0 \geq 0$ 同一零售商兩個不同的製造商的產品付出的行銷努力，本節 e_1, e_2 是不同的零售商對同一產品付出的努力。

[2] 由於是同一產品隨機因素是相同的，因此 $\varepsilon \sim N(0, \sigma^2)$，這也與 6.3 節不一樣。

[3] 不同的零售商的風險規避度不一樣，因此設為 $\rho_i, i = 1,2$。

從上面兩式顯然可以得到下面的結論：

結論 6.10：在由一個製造商和多個零售商構成的渠道系統中，不同零售商對產品付出的行銷努力大小與製造商給予的激勵系數的大小正相關。

結論 6.10 的實踐意義是顯然的。

結論 6.11：在由一個製造商和多個零售商構成的渠道系統中，不同零售商對產品付出的行銷努力大小與商品的零售價格和批發價格之差的大小正相關。

根據上面的分析得到委託—代理模型（Ⅳ）：

$$\max_{(\alpha_1,\beta_1),(\alpha_2,\beta_2)} \sum_{i=1}^{2}[-\alpha_i + w(1-\beta_i)(a-p_i+\gamma p_j+\lambda e_i-\tau e_j)]$$

$, i=1,2, j=3-i$ \hfill (6.26)

$$ST:(IC)e_i^* = \frac{(p_i-w+\beta_i w)\lambda}{2}, i=1,2 \quad (6.27)$$

$$(IR)[(p_i-w+\beta_i w)(a-bp_i+\gamma p_j+\lambda e_i-\tau e_j)+\alpha_i-e_i^2]-$$
$$\frac{1}{2}\rho_i(p_i-w+\beta_i w)^2\sigma^2 = u_i, i=1,2 \quad (6.28)$$

委託—代理模型（Ⅳ）的激勵相容（6.27）是兩個零售商同時競爭的納什均衡。而參與約束（6.13）（6.15）是不同的，因為每個零售商是否願意代理主要取決於獲得的利潤是否大於它的保留效用。

因為激勵相容約束已經求出了不同零售商的最優化選擇，將激勵相容約束和參與約束，分別代入製造商的利潤函數得到：

$$\max_{\beta_1,\beta_2} \sum_{i=1}^{2}\{p_i[a-bp_i+\gamma p_j+\frac{(p_i-w+\beta_i w)\lambda^2}{2}-$$
$$\frac{(p_j-w+\beta_j w)\tau\lambda}{2}]-\frac{(p_i-w+\beta_i w)^2(\lambda^2+2\rho_i\sigma^2)}{4}-u_i\}$$

(6.29)

製造商選擇的最優 β_1,β_2，使得製造商的期望利潤（6.29）

式最大化。於是（6.29）式的兩個一階條件為：

$$\beta_i^* = 1 - \frac{2\rho_i\sigma^2 p_i}{w(2\rho_i\sigma^2 + \lambda^2)}, \quad i = 1,2, j = 3-i \quad (6.30)$$

同樣激勵系數滿足 $w\lambda^2 \geq 2\rho_i\sigma^2(p_i - w)$。

將（6.30）式帶入（6.27）式：

$$e_i^* = \frac{\lambda^3 p_i}{2(2\rho_i\sigma^2 + \lambda^2)}, i = 1,2, j = 3-i \quad (6.31)$$

於是製造商和兩個零售商的利潤為：

$$E\Pi^* = \sum_{i=1}^{2} \{p_i[a - bp_i + \gamma p_j + \frac{\lambda^4 p_i - \lambda^3 \tau p_j}{2(2\rho_i\sigma^2 + \lambda^2)}] - \frac{\lambda^6 p_i^2 + 2\lambda^4 p_i^2 \rho_i\sigma^2}{4(2\rho_i\sigma^2 + \lambda^2)^2} - u_i\}, i = 1,2, j = 3-i$$

$$(6.32)$$

$$CE_i = \frac{\lambda^2 p_i(a - bp_i + \gamma p_j)}{(2\rho_i\sigma^2 + \lambda^2)} + \frac{\lambda^6 p_i^2 - 2\lambda^5 \tau p_i p_j - 2\lambda^4 p_i^2 \rho_i\sigma^2}{4(2\rho_i\sigma^2 + \lambda^2)^2} + \alpha_i,$$

$$i = 1,2, j = 3-i \quad (6.33)$$

觀察（6.30）式激勵系數在 0 到 1 之間，因此必須滿足 $w(2\rho\sigma^2 + \lambda^2) \geq 2\rho\sigma^2 p_i$，這個條件是容易滿足的，由於 $p_i \geq w$，因此 $\frac{\partial \beta_i^*}{\partial(\rho_i\sigma^2)} = -\frac{2p_i w\lambda^2}{w^2(2\rho_i\sigma^2 + \lambda^2)^2} \leq 0, i = 1,2, j = 3-i$，於是得到結論 6.12。

結論 6.12：在由一個製造商和多個零售商構成的渠道中，當 $w\lambda^2 \geq 2\rho_i\sigma^2(p_i - w)$ 時，製造商對某個零售商提供的激勵系數隨風險波動增大而減小，隨該零售商的風險規避度的增大而減小，與另一個零售商的風險規避度無關。

由（6.31）我們可以得到結論 6.13。

結論 6.13：在由一個製造商和多個零售商構成的渠道中，某個零售商付出的努力隨風險波動增大而減小，隨該零售商的

風險規避度的增大而減小，與另一個零售商的風險規避度無關。隨著努力的產出系數的增大而增大。

6.4.2 零售商可能共謀的情況

6.4.1節研究了雙方在信息不對稱條件下的渠道激勵問題，在不同的參數條件下，有激勵時雙方的利潤在一定的區域內都會增加。這些結果都是在雙方追求利潤最大化條件下得到的。在實際中零售商還有另一種追求利潤盡可能最大的方式——共謀，儘管這是製造商不願意的。當零售商共謀但製造商不知道時，製造商認為兩零售商是非協作競爭的，仍然按照模型（Ⅳ）進行決策，向零售商進行激勵，希望兩零售商能夠分別提供的行銷努力水準為 e_1^*，e_2^*。然而，在實際銷售過程中，零售商可能會意識到如果能夠消除彼此間存在的競爭而進行協作的話，彼此的利潤都會有所增加。因而，為了獲得生產商更多的激勵，兩零售商進行共謀來避免非協作競爭狀態從而得到更多的利益。如果每個零售商在保證自己的保留收益前提下，以兩者的利潤最大化為目標進行共謀，那麼兩個零售商的共謀可以表述為模型（Ⅴ）。

$$\max_{e_1,e_2} CE_T = \max_{e_1,e_2} \sum_{i=1}^{2} \{[(p_i - w + \beta_i w)(a - bp_i + \gamma p_j + \lambda e_i - \tau e_j) + \alpha_i - e_i^2] - \frac{1}{2}\rho_i(p_i - w + \beta_i w)2\sigma^2\} \quad (6.34)$$

$$ST:(IR) \sum_{i=1}^{2}[(p_i - w + \beta_i w)(a - bp_i + \gamma p_j + \lambda e_i - \tau e_j) + \alpha_i - e_i^2] - \frac{1}{2}\rho_i(p_i - w + \beta_i w)^2\sigma^2 = u_1 + u_2, i = 1,2$$
$$(6.35)$$

於是有命題6.13。

命題 6.13：如果兩個零售商共謀，那麼兩個零售商共謀的總利潤不少於非共謀的總利潤。

命題 6.13 的證明見本章附錄 A。

下面我們求在共謀下的最優水準。

由於模型（Ⅴ）是一個條件極值，我們構造 Lagrange 函數 $L(e_1,e_2,\zeta)$ 為：

$$L(e_1,e_2,\zeta) = \sum_{i=1}^{2}\{[(p_i - w + \beta_i w)(a - bp_i + \gamma p_j + \lambda e_i - \tau e_j) + \alpha_i - e_i^2] - \frac{1}{2}\rho_i(p_i - w + \beta_i w)^2\sigma^2\}$$

$$+ \zeta\sum_{i=1}^{2}[(p_i - w + \beta_i w)(a - bp_i + \gamma p_j + \lambda e_i - \tau e_j) + \alpha_i - e_i^2 - \frac{1}{2}\rho_i(p_i - w + \beta_i w)^2\sigma^2 - u_i]$$

其中 ζ 為 Lagrange 乘子。

Lagrange 函數 $L(e_1,e_2,\zeta)$ 的一階條件為：

$$e_i^{Y*} = \frac{(p_i - w + \beta_i w)\lambda - (p_j - w + \beta_j w)\tau}{2} \text{①} \qquad (6.36)$$

比較（6.27）式和（6.36）式，我們發現 $e_i^* \geq e_i^{Y*}$，等號成立的條件是 $(p_2 - w + \beta_2 w)\tau = 0$，一種情況是 $\tau = 0$，意味著 $-\frac{\partial q_i/\partial e_j}{\partial q_i/\partial e_j} = \frac{\tau}{\lambda} = 0$，即是努力的替代度為零，說明一方的努力對另一方的銷售量沒影響，可能會共謀；另一種情況是 $p_2 - w + \beta_2 w = 0$，只有 $\beta_j = 0, p_j = w$，才有可能，此時零售商 R_i 也不會和對方共謀，因為對方既不能獲得銷售利潤，也不能獲得製造商的激勵利潤。當然等號成立意味著非共謀和共謀付出的努

---

① 將不共謀的最優激勵系數代入表達式，只要參數滿足一定範圍，可以保證其大於零。

力的差異，得益也不會改變，由於市場的競爭零售商還是不會共謀，於是得到結論6.14。

結論6.14：如果零售商的努力的替代度為零，或者對方的單位利潤為零，那麼零售商不會共謀。

另外，因為$\lambda \geq \tau$，所以製造商的期望利潤函數是零售商努力的增函數，因此製造商希望零售商付出的努力越大越好，當製造商仍按非共謀提供激勵系數，而零售商共謀時，零售商付出的努力較小，獲得的利潤不會減少反而會增加。但製造商卻受損，因此我們得到結論6.15。

結論6.15：在多零售商的渠道中，如果零售商共謀，那麼製造商的利潤將會較少。

當激勵系數的取值是製造商提供最優的非共謀的激勵β_i^*，而零售商採用共謀的最優努力e_i^{Y*}時，就獲得共謀的總收益。於是將(6.30)式和(6.36)式帶入(6.34)式得：

$$CE_T^{Y*} = \sum_{i=1}^{2} \left[\frac{\lambda^2 p_i(a - bp_i + \gamma p_j)}{2\rho_i \sigma^2 + \lambda^2} \right.$$
$$+ \frac{(\lambda^2 + \tau^2)\lambda^4 p_i^2 - 2\tau\lambda^5 p_i p_j - \rho_i \sigma^2 \lambda^4 p_i^2}{2(2\rho_i \sigma^2 + \lambda^2)^2})$$
$$\left. + \alpha_i - \frac{1}{4}\left(\frac{\lambda^3 p_i}{2\rho_i \sigma^2 + \lambda^2} - \frac{\lambda^2 \tau p_j}{2\rho_j \sigma^2 + \lambda^2}\right)^2 \right]$$

結論6.15表明零售商共謀對製造商是不利的，因此一個有效的激勵機制應該防止零售商共謀。如果生產商在與零售商簽訂激勵合同前，通過一些渠道瞭解到某個市場的零售商有共謀的歷史，或者有共謀的意向，那麼，生產商必須採取相應的措施來防止共謀可能給自己帶來的損失。

如何防止共謀呢？

第一種思路：只要保證零售商不共謀給他們帶來的總收益

不小於共謀給他們帶來的總收益，那麼零售商就不會共謀①。

第二種思路：採用田厚平等（田厚平等，2005）的研究方法，既然製造商知道零售商可能共謀，那製造商就在零售商共謀的條件下，設計他的最優激勵系數。

因此，我們在這些思路下，就可防止共謀。

6.5　總評與展望

本章探討了製造商和零售商信息不對稱時的渠道激勵問題。由於製造商不能監督零售商的行為，因此製造商只能提供必要的激勵機制來激勵零售商努力銷售製造商的產品，本章的激勵合同為 $s(w) = \alpha + \beta wq$，表示製造商從他的總收益 wq 中提取部分收入來激勵零售商。我們的激勵模型的創新體現在以下幾方面：

第一，觀察零售商的利潤函數：$\pi = (p - w)q + (\alpha + \beta wq) - e^2$。

第一項 $(p - w)q$ 表示零售商的銷售收入，第二項 $(\alpha + \beta wq)$ 表示製造商給出的激勵收入，第三項 e^2 表示努力成本。從這個表達式可以看我們的委託—代理模型不同於一般的委託—代理模型。如果是一般的委託—代理模型，那麼零售商的收益就應該是 $\pi = \alpha + \beta \Pi$，其中 Π 表示製造商的收益，一些學者利用委託—代理研究渠道協作時，採用了此模型，但我們認為這與現實不相符合。在實際中，常常是零售商獲得銷售收益，然後製

---

①　按照常理，只要每個零售商從非共謀中獲得的收益不小於從共謀中獲得的收益，那麼零售商也不會共謀，不採用這個條件是因為共謀時，如何分配總利潤，涉及納什討價還價解，本節不考慮。

造商根據他的收益給你「返點」，這就是我們的模型思想。

第二，我們注意到如果激勵系數 $\beta = 0$，那麼零售商的利潤函數為：

$$\pi = (p - w)(a - bp + \lambda e + \varepsilon) + \alpha - e^2$$

也就是說製造商不激勵零售商，由於銷售量的隨機性，零售商還是面臨著一定的風險。而一般的模型當製造商不激勵零售商時，零售商獲得固定收益，不承擔風險。

第三，我們的模型更加關注製造商的激勵系數與零售商的努力的關係，同時關注製造商的激勵系數、零售商的努力與零售價格、批發價格之間的關係。

第四，在一般的渠道協作中，製造商的決策變量是批發價格 w、零售商的決策變量是零售價格 p 和行銷努力 e。而我們的模型中批發價格 w、零售價格 p 由市場決定。

由於以上幾方面的不同，導致我們的結果可能與一般的結果不一致，例如激勵系數，一般的激勵模型的最優激勵系數直接就在 [0，1] 之間，而我們的激勵系數需要在一定條件下才能保證在 [0，1] 範圍內。

另外從委託—代理理論研究渠道激勵問題是非常重要的研究方法，我們認為以下幾個方面還值得繼續探討：

（1）顧客導向的渠道系統委託—代理模型。今天的消費者更加追求個性與時尚，追求標新立異、與眾不同。渠道成員必須不斷滿足消費者的需求變化，以適應競爭日益激烈的市場環境，從而獲得和維持自己想得到的市場位置。因此將顧客納入委託—代理模型中值得繼續研究，這樣渠道就構成一個多級委託—代理系統，這需要用多級委託—代理理論進行研究。

（2）現實中，我們看到的並不是零售商隨便銷售多少都會獲得激勵，而是有一個目標銷售量 q_0，如果超過了目標銷售量，多餘的部分才獲得提成激勵，此時零售商的利潤函數變為：

$\pi = (p-w)q + [\alpha + \beta w(q-q_0)prob(q \geq q_0)] - e^2$,這時激勵合同是 $s = \alpha + \beta w(q-q_0)prob(q \geq q_0)$,其中 $prob(q \geq q_0)$ 表示超過目標銷售量的概率。關於這一思想,我們在第四章中已經探討,但不是從委託—代理的角度研究。

附錄 A:命題 6.1 的證明。

如果 $e_i^*, i = 1,2$ 是兩個零售商滿足模型（Ⅳ）的最優行銷努力水準,那麼 $e_i^*, i = 1,2$ 必然滿足模型（Ⅳ）的約束條件,因此 $e_i^*, i = 1,2$ 自然滿足模型（Ⅴ）的約束條件。如果零售商仍然按 $e_i^*, i = 1,2$ 進行商品銷售,那麼 $CE_T^* = CE_1^* + CE_2^*$,由於模型（Ⅴ）的約束條件的可行域包含模型（Ⅳ）的約束條件的可行域,故有 $e_i, i = 1,2$ 滿足模型（Ⅴ）的約束條件,都有 $CE_T \geq CE_1^* + CE_2^*$。

7
渠道協作的進化博弈模型與協作型渠道成員

前面章節分析了在完全信息和不完全信息條件下渠道協作問題，這些理論模型建立的基本假設是完全理性的假設。這也是古典博弈論的基本假設。完全理性假設不僅要求製造商和零售商在任何情況下都要以自身利益最大化為目標，還要求他們在博弈環境中具有完美的判斷和預測能力；不僅要求自身有完美的理性，還要求人們相互信任雙方的理性。在這些假設下，我們得到了一些促進渠道成員協作的機制。但是這種完全理性假設顯然與現實不符合。因為在現實中，他們不可能做到完全理性，也不可能不犯錯誤，在一些時候也不可能相互信任等。並且，隨著競爭環境越來越複雜，製造商和零售商之間的協作問題不能完全滿足完全理性的假設。因此我們不得不考慮有限理性的假設。在有限理性被提出來以後，進化博弈論也迅速發展起來。利用生物進化理論能夠很好地解決有限理性決策者之間的決策問題，在渠道決策中進化博弈論能夠更加接近現實。因為進化博弈論的思想來源於達爾文的生物進化論和馬拉克的遺傳基因理論，它從有限理性出發，認為參與人對世界狀態只擁有有限知識。具體到渠道中，渠道成員並不能最大化自己的利益，更多的現象是渠道成員的決策是基於某種包含了渠道成員如何行動的相關的博弈歷史，同時通過對歷史的觀察提高決策正確性。基於此，本章希望從進化博弈論的視角來探討渠道的協作問題。

7.1　進化博弈論的發展與理論介紹

7.1.1　進化博弈理論的產生及其發展[①]

進化理論源自生物界的進化現象——優勝劣汰。大多數情

---

① 本小節知識參考了百度百科上面的文章，在此向作者表示感謝。

況下，個體總是採用對自己最為有利而不是對群體最有利的行為方式進行生存活動。1960年生態學家萊蒙特因（1960）就開始運用博弈理論的思想來研究生態問題。生態學家從對動植物進化的研究中發現，動植物進化結果在多數情況下都可以用博弈論的納什均衡概念來解釋。然而，博弈論是研究完全理性的人類互動行為時提出來的，為什麼能夠解釋根本無理性可言的動植物的進化現象呢？我們知道動植物的進化遵循達爾文「優勝劣汰」生物進化理論，生態演化的結果卻能夠利用博弈理論來給予合理的解釋，這種巧合意味著我們可以去掉經典博弈理論中理性人假定的要求。另外，20世紀60年代生態學理論研究取得突破性的進展，非協作博弈理論研究成果也不斷湧現並日趨成熟，進化博弈理論具備了產生的現實及理論基礎。

　　20世紀70年代，生態學家史密斯和普賴斯（1973）結合生物進化論與經典博弈理論在研究生態演化現象的基礎上提出了進化博弈理論的基本均衡概念——進化穩定策略（Evolutionarily Stable Strategy，ESS）。進化穩定策略（ESS）的基本思想是指種群中大部分成員所採用某種策略的好處是其他策略無法相比的，即個體的行為應該遵守群體的約定，一種ESS一旦確立就會穩定下來，任何偏離ESS的行為將受到自然選擇的懲罰。目前學術界普遍認為進化穩定策略概念的提出標誌著進化博弈理論的誕生。此後，生態學家泰勒和瓊克（1978）在考察生態演化現象時首次提出了進化博弈理論的基本動態概念——模仿者動態（Replicator Dynamics）。至此，進化博弈理論有了明確的研究目標。

　　20世紀80年代以後，有限理性概念得到了學術界的普遍認可，加之進化博弈理論在解釋生態現象時獲得的巨大成功，特別是1992年在康奈爾大學召開的進化博弈理論學術會議，正式確立了該理論的學術地位。一大批如薩繆爾森、賓莫、楊等學

者從不同的角度對傳統的進化博弈理論分析框架進行拓展。目前，雖然進化博弈理論的基本理論體系已經形成，但還是較為粗糙。因此，它仍然處於不斷發展和完善的階段，但該理論提供了比傳統理論更具現實性且更能夠準確地解釋並預測參與人行為的研究方法，從而得到了越來越多的管理學家、經濟學家、社會學家、生態學家的重視。進化博弈理論以有限理性的參與人群體為研究對象，利用動態分析方法把影響參與人行為的各種因素納入其模型之中，並以系統論的觀點來考察群體行為的演化趨勢。

7.1.2 進化博弈論的基本內容①

進化生態學與博弈論的結合至少已有 30 多年的歷史，初看起來使人覺得奇怪，因為博弈論常常假定參與人是完全理性的，而基因和其他的演化載體常常被假定是以一種完全機械的方式運動。然而一旦用參與人群體來代替博弈論中的參與者個人，用群體中選擇不同策略的個體占群體中個體總數的百分比來代替博弈論中的混合策略，那麼這兩種理論就達到了形式上的統一。

儘管這兩種理論在形式上達到了統一，但進化博弈理論與經典博弈理論還是存在本質區別。在進化博弈理論中每個參與人都是隨機地從群體中抽取並進行重複、匿名博弈，他們沒有特定的博弈對手。在這種情況下，參與人既可以通過自己的經驗直接獲得決策信息，也可以通過觀察在相似環境中其他參與人的決策並對其模仿而間接地獲得決策信息，還可以通過觀察博弈的歷史而從群體分佈中獲得決策信息。對參與人來說，觀察群體行為的歷史即估算群體分佈是非常重要的，首先，群體

---

① 本小節知識參考了百度百科上面的文章，在此向作者表示感謝。

分佈包含了對手如何選擇策略的信息。其次，通過觀察群體分佈也有助於參與人知道什麼是好的策略什麼是不好的策略。參與人常常會模仿好的策略而不好的策略則會在進化過程中被淘汰。模仿是學習過程中的一個重要組成部分，成功的行為不僅以說教的形式傳遞下來，而且也容易被模仿。參與人由於受到理性的約束而其行為是幼稚的（Naive），其決策不是通過迅速的最優化計算得到的，而是需要經歷一個適應性的調整過程，在此過程中參與人會受到其所處環境中各種確定性或隨機性因素的影響。因此，系統均衡是達到均衡過程的函數，要更準確地描述參與人行為就必須考察經濟系統的動態調整過程，動態均衡概念及動態模型在進化博弈理論中佔有相當重要的地位。

7.1.3 進化博弈論分析的基本思路與基本概念（謝識予，2007；泰勒，2001）

進化博弈假定在一個系統中存在著許多個參與者，根據分析框架的不同，參與者可以是有限的或無限的，每一輪博弈都是在參與者集合中隨機抽樣，由被選出來的參與者進行預先規定好的博弈（要素博弈），獲得要素博弈中的利益，並認為有限理性的參與者不可能正確地知道自己所處的利害狀態。它通過最有利的戰略逐漸模擬下去，最終達到一種均衡狀態。它用參與人群體來代替博弈論中的參與者個人，用群體中選擇不同策略的個體占群體個體總數的百分比來代替博弈論中的混合策略。對參與人的理性要求較少，因此它更強調動態性和宏觀性前提下的系統進化過程及進化穩定的重要因素，在多數情況下，進化博弈比利用納什均衡預測人的行為更現實、更準確。實踐中越來越多的研究者利用進化博弈理論來解釋並預測參與人的群體行為。

進化博弈理論與古典博弈論一樣，最重要的是尋找博弈的

均衡，進化博弈的均衡概念——進化穩定策略（ESS）。進化穩定策略（ESS）的基本思想是指種群中大部分成員所採用某種策略的好處是其他策略無法相比的，即個體的行為應該遵守群體的約定，一種 ESS 一旦確立就會穩定下來，任何偏離 ESS 的行為將要受到自然選擇的懲罰。

假定 s^* 為某一個群體的選擇策略，s 為突變策略。$u(s^*, s^*)$ 表示群體選擇策略 s^* 時，選擇策略 s^* 的參與人與另一博弈群體也選擇策略 s^* 時所得到的期望支付（在生態學裡面一般稱為「適應度（Fitness）」函數），於是有下面的定義。

定義（格雷斯曼，1992）：對所有不同於 s^* 的策略 s，如果有：

$$u(s^*, s^*) \geq u(s, s^*) \tag{7.1}$$

如果（7.1）中的等式成立，則：任意的 $s^* \neq s$ 時，$u(s^*, s) > u(s, s)$。那麼，稱 s^* 為一個進化穩定策略（ESS）。

ESS 雖然是一個靜態概念，卻能夠反應進化系統局部的動態性質，所以在不同的動態下，同一個博弈會有不同的進化穩定均衡，因此要提出一個能夠描述演化博弈一般特徵的均衡概念，比納什均衡複雜得多。

另一重要概念複製動態（RD）的思想是，個體的收益隨著個體在群體中所占比重的變動而變動。因此 RD 實際上是描述某一特定策略在一個種群中被採用的頻數或頻度的動態微分方程。根據進化的原理，一種策略的適應度比種群的平均適應度高，這種策略就會在種群中發展。

具體地說，設 x 表示某一群體中選擇某一策略 s' 的比例。並且比例 x 不是不變的，而是隨時間變化的，可以寫成時間的函數 $x(t)$。進化博弈中博弈方策略類型變化是博弈分析的核心，其關鍵是動態變化的速度，通常情況下，博弈方模仿的速度取決於兩個因素：一是模仿對象的數量大小，這可用相應類型博

弈方的比例表示；二是博弈對象的成功程度，這可用模仿對象策略得益超過平均得益的幅度表示。於是其動態微分方程表示為：

$$\frac{dx}{dt} = x(u - \bar{u})$$

其中，u 表示採用某一策略的期望得益，$\bar{u}$ 表示所有博弈方的平均得益。該方程與生物進化中描述的特定個體頻數變化過程的「複製動態」動態方程是一致的。

根據進化穩定策略（ESS）的定義，一個穩定狀態必須對微小擾動具有穩健性才能成為進化穩定策略。就是說作為進化穩定策略的點 x^*，除了本身必須是均衡狀態外，還必須是某些博弈方由於偶然的錯誤偏離了 x^* 後又會回到 x^*。在數學上這要求當干擾 x 出現低於 x^* 時，$\frac{dx}{dt} = F(x)$ 必須大於 0，當干擾 x 出現高於 x^* 時，$\frac{dx}{dt} = F(x)$ 必須小於 0。因此在穩定狀態處 $F(x)$ 的導數 $F'(x^*)$ 必須小於 0。這就是微分方程的「穩定性定理」。這些可以通過複製動態的相位圖上穩定點的斜率表示出來。

因此進化博弈分析最關鍵的步驟為：

第一步：確定動態微分方程，表示為：$\frac{dx}{dt} = x(u - \bar{u})$；

第二步：畫出相位圖，找出穩定點的切線斜率為負的點；

第三步：綜合各種情況，找出這個博弈的進化穩定策略（ESS）。

7.2 渠道競爭與協作的進化博弈模型（王開弘和丁川，2010）

在探討渠道協作機制時，製造商和零售商都是完全理性的，顯然在渠道實際決策中不能滿足這一基本的假設，渠道成員雙方可能是長期的銷售關係或者通過一些市場信息來逐漸優化決策。這實際上就是有限理性的渠道決策。目前研究有限理性決策的常用方法有最優反應動態和複製動態。用它們來研究渠道協作的研究成果較少。舒甘（1985）研究了隱式的理解（Implicit Understandings），認為其中最重要的是渠道成員之間的相互學習，根據某種形式的試驗或歷史的觀察，得知對方的行為，通過雙方的對稱學習來調整自己的策略，不過，雙方的學習速度可以相同也可以不同。這與有限理性博弈的一個分析方法——最優反應動態類似。關於進化問題，一些學者也稱之為演化問題。葉明海和張麗萍（2006）利用演化博弈研究了汽車行銷渠道中協作效率不高、協作關係不穩固等問題，分析了影響汽車渠道協作關係演變的關鍵因素，指出企業可以採取降低協作初始成本、合理分配協作超額利潤、增強協作方對未來效益的重視依賴等手段，從而加強和優化汽車行銷渠道的協作管理，這對於其他行銷渠道企業協作優化同樣適用。本節希望建立博弈模型，然後在此基礎上利用進化博弈進行分析。

7.2.1 一般模型的得益矩陣

本節先建立一般的博弈模型，在渠道中製造商和零售商可能協作，也可能不協作。

(1) 如果製造商和零售商都不協作，即一般的渠道關係，那麼製造商和零售商分別得到利潤：Π，π。

(2) 如果製造商和零售商都協作，那麼他們得到的利潤都多於不協作，多餘的利潤為 ΔV，製造商從協作中多獲得 $k\Delta V$，$0 \leq k \leq 1$，零售商從協作中多獲得 $(1-k)\Delta V$，那麼製造商和零售商分別得到利潤：$\Pi + k\Delta V$，$\pi + (1-k)\Delta V$。

(3) 如果製造商協作，零售商不協作，這時製造商的利潤要小於都不協作的利潤，而零售商的利潤要小於都協作時獲得的利潤，於是製造商和零售商的利潤分別為：$\Pi - \Delta U_M$，$\pi + \Delta U_R$。

要求滿足 $\Pi \geq \Pi - \Delta U_M$，$\pi + (1-k)\Delta V \leq \pi + \Delta U_R$。

(4) 類似（3），如果零售商協作，製造商不協作，這時零售商的利潤要小於都協作的利潤，而製造商的利潤要小於都協作時獲得利潤，於是製造商和零售商的利潤分別為：$\Pi + \Delta F_M$，$\pi - \Delta F_R$。

要求滿足 $\Pi + k\Delta V \geq \Pi + \Delta F_M$，$\pi - \Delta F_R \leq \pi$。

於是一般模型的得益矩陣見表7.1。

表7.1　　　　　　　　一般模型的得益矩陣

制造商	零售商	
	協作	不協作
協作	($\Pi + k\Delta V$, $\pi + (1-k)\Delta V$)	($\Pi - \Delta U_M$, $\pi + \Delta U_R$)
不協作	($\Pi + \Delta F_M$, $\pi - \Delta F_R$)	(Π, π)

其中 ΔV，ΔU_M，ΔU_R，ΔF_M，ΔF_R 都大於 0。$k\Delta V$，$(1-k)\Delta V$ 是渠道協作得到的超額利潤。

上述得益矩陣的納什均衡情況有兩種。

第一種是如果製造商協作，零售商不協作，這時製造商的

利潤要小於都不協作的利潤，零售商的利潤要大於都協作時獲得的利潤，即滿足：

$$\Pi \geq \Pi - \Delta U_M, \pi + (1-k)\Delta V < \pi + \Delta U_R$$

如果零售商協作，製造商不協作，這時零售商的利潤要小於都協作的利潤，製造商的利潤要大於都協作時獲得的利潤，即滿足：

$$\Pi + k\Delta V \leq \Pi + \Delta F_M, \pi - \Delta F_R \leq \pi$$

只要 $\pi + (1-k)\Delta V < \pi + \Delta U_R$，$\Pi + k\Delta V \leq \Pi + \Delta F_M$ 至少成立一個渠道都只有唯一納什均衡（不協作，不協作）。那麼該博弈的納什均衡如表7.2所示。

表7.2　　　　　　　　一個納什均衡的得益矩陣

制造商		零售商	
		協作	不協作
	協作	$(\Pi + k\Delta V, \pi + (1-k)\Delta V)$	$(\Pi - \Delta U_M, \pi + \Delta U_R)$
	不協作	$(\Pi + \Delta F_M, \pi - \Delta F_R)$	$(\underline{\Pi}, \underline{\pi})$

第二種是如果製造商協作，零售商不協作，這時製造商的利潤要小於都不協作的利潤，而零售商的利潤要小於都協作時獲得的利潤，即滿足：

$$\Pi \geq \Pi - \Delta U_M, \pi + (1-k)\Delta V \geq \pi + \Delta U_R$$

如果零售商協作，製造商不協作，這時零售商的利潤要小於都協作的利潤，而製造商的利潤要小於都協作時獲得的利潤，即滿足：

$$\Pi + k\Delta V \geq \Pi + \Delta F_M, \pi - \Delta F_R \leq \pi$$

那麼該博弈的納什均衡如表7.3所示。

表 7.3　　　　　　　兩個納什均衡的得益矩陣

制造商		零售商	
		協作	不協作
	協作	($\underline{\Pi}$ + kΔV, $\underline{\pi}$ + (1 - k) ΔV)	(Π - ΔU_M, π + ΔU_R)
	不協作	(Π + ΔF_M, π - ΔF_R)	($\underline{\Pi}$, $\underline{\pi}$)

於是得到命題 7.1。

命題 7.1：當 $(1 - k)\Delta V < \Delta U_R$ 或者 $k\Delta V < \Delta F_M$ 時，渠道博弈有一個納什均衡（不協作，不協作）；當 $(1 - k)\Delta V \geq \Delta U_R$，$k\Delta V \geq \Delta F_M$ 時，渠道博弈有兩個納什均衡（協作，協作），（不協作，不協作）。

7.2.2　一般模型的進化博弈分析與實踐意義

根據進化博弈思想，設製造商選擇「協作」策略的比例 $x_1 = x$，製造商選擇「非協作」策略的比例 $x_2 = 1 - x$；零售商選擇「協作」策略的比例 $y_1 = y$，零售商選擇「非協作」策略的比例 $y_2 = 1 - y$。則製造商採用「協作」策略時的期望利潤為：

$$u(M,C) = y(\Pi + k\Delta V) + (1 - y)(\Pi - \Delta U_M) \quad (7.2)$$

製造商採用「非協作」策略時的期望利潤為：

$$u(M,N) = y(\Pi + \Delta F_M) + (1 - y)\Pi \quad (7.3)$$

製造商的平均期望利潤為：

$$\overline{u_M} = x[y(\Pi + k\Delta V) + (1 - y)(\Pi - \Delta U_M)] + (1 - x)[y(\Pi + \Delta F_M) + (1 - y)\Pi] \quad (7.4)$$

由 (7.2) (7.3) (7.4) 得到製造商的複製動態方程為：

$$\frac{dx}{dt} = x(1 - x)[y(\Delta U_M + k\Delta V - \Delta F_M) - \Delta U_M] \quad (7.5)$$

同理可得零售商的複製動態方程為：

$$\frac{dy}{dt} = y(1-y)\{x[(1-k)\Delta V - \Delta U_R + \Delta F_R] - \Delta F_R\}$$

(7.6)

微分方程（7.5）和（7.6）描述了這個進化系統的群體動態過程。

7.2.2.1 當 $(1-k)\Delta V \geqslant \Delta U_R$，$k\Delta V \geqslant \Delta F_M$ 的情況

根據命題7.1，當 $(1-k)\Delta V \geqslant \Delta U_R$，$k\Delta V \geqslant \Delta F_M$ 時，有兩個納什均衡，這是一個協調博弈。由威爾遜奇數定理必有第三個納什均衡——混合策略。容易計算在混合策略下的期望利潤也沒有（協作，協作）帶來的利潤大，但（協作，協作）在完全理性下，一次性博弈並不容易實現，那麼在有限理性下如何？下面利用進化博弈加以分析。

據動態方程（7.5），當 $y = \dfrac{\Delta U_M}{\Delta U_M + k\Delta V - \Delta F_M}$，那麼 $\dfrac{dx}{dt} = 0$ 這意味著所有的 $x^* \in [0,1]$ 都是穩定狀態。當 $0 \leqslant y < \dfrac{\Delta U_M}{\Delta U_M + k\Delta V - \Delta F_M} \leqslant 1$，那麼 $x^* = 0$，$x^* = 1$ 是穩定狀態，其中 $x^* = 1$ 是ESS。當 $0 \leqslant \dfrac{\Delta U_M}{\Delta U_M + k\Delta V - \Delta F_M} < y \leqslant 1$，那麼 $x^* = 0$，$x^* = 1$ 是穩定狀態，其中 $x^* = 0$ 是ESS，其相位圖如圖7.1所示。

(a) $y = \dfrac{\Delta U_M}{\Delta U_M + k\Delta V - \Delta F_M}$ (b) $0 \leqslant y < \dfrac{\Delta U_M}{\Delta U_M + k\Delta V - \Delta F_M} \leqslant 1$ (c) $0 \leqslant \dfrac{\Delta U_M}{\Delta U_M + k\Delta V - \Delta F_M} < y \leqslant 1$

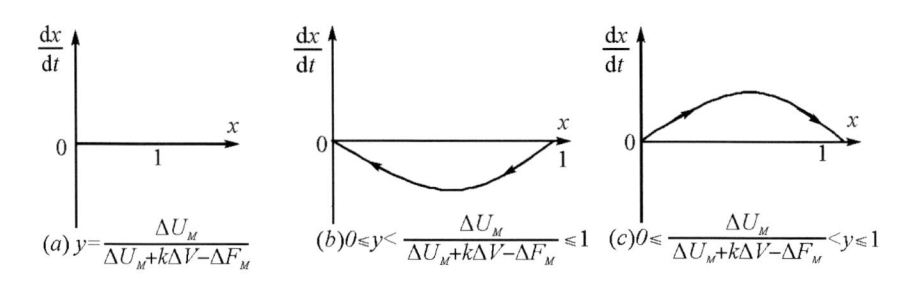

圖7.1　製造商博弈群體複製動態相位圖

同理可得方程（7.5），其相位圖如圖 7.2 所示。

$(a) x = \dfrac{\Delta F_R}{(1-k)\Delta V - \Delta U_R + \Delta F_R}$

$(b) 0 \leq x < \dfrac{\Delta F_R}{(1-k)\Delta V - \Delta U_R + \Delta F_R} \leq 1$

$(c) 0 \leq \dfrac{\Delta F_R}{(1-k)\Delta V - \Delta U_R + \Delta F_R} < x \leq 1$

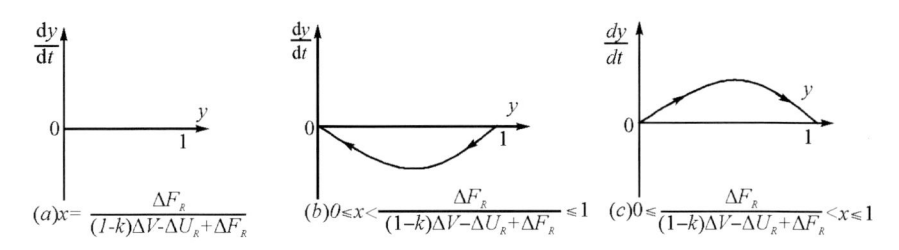

圖 7.2　零售商博弈群體複製動態相位圖

我們將複製動態的相位圖在二維坐標平面上表示出來，如圖 7.3 所示。

$y_D = \dfrac{\Delta U_M}{\Delta U_M + k\Delta V - \Delta F_M}$

$x_D = \dfrac{\Delta F_R}{(1-k)\Delta V - \Delta U_R + \Delta F_R}$

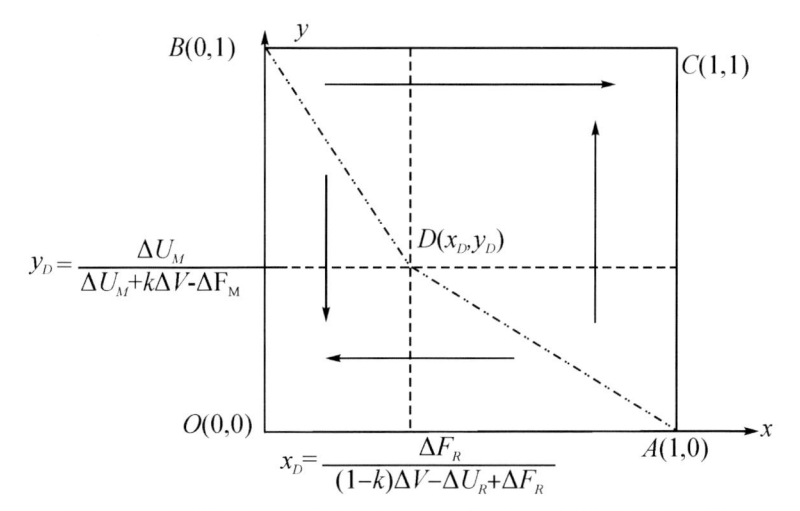

圖 7.3　製造商和零售商兩群體複製動態的關係和穩定性

從圖 7.3 可以看出在圖中的 5 個點 $O(0,0), A(1,0), B(0,1), C(1,1), D(x_D, y_D)$ 中，只有 $O(0,0), C(1,1)$ 是進化穩定策略（ESS）。

下面對模型進行簡要分析。

兩個進化穩定策略（ESS）中，$O(0,0)$ 對應的製造商和零售商的非協作關係（即：製造商和零售商都不協作），$C(1,1)$

對應的製造商和零售商的協作關係（即：製造商和零售商都協作），在圖 7.3 的二維平面中，折線 ADB 把平面分成兩部分，右上方（ADBC 部分）系統將收斂於協作關係，在折線的左下方（即 ADBO 部分）系統將收斂於非協作關係。由於系統的演化是一個漫長的過程，因此可能在很長的時間內保持一種協作與競爭共存的局面。第一，系統進化的長期均衡結果可能是完全協作，也可能是完全競爭，究竟沿著哪條路徑到達哪一狀態，與該博弈的支付矩陣密切相關。第二，在一定的信息引導機制下，系統將收斂於哪一個均衡點受到博弈發生的初始狀態影響。因此，在博弈的過程中，構成博弈雙方支付函數的某些參數的初始值及其變化將導致演化系統向不同的均衡點收斂（王永平和孟衛東，2004；汪濤，2002）。

在長期的渠道關係中，我們自然希望收斂到協作的概率更大，也就是希望點 D 向左下角移動，但這與渠道協作的超額利潤 ΔV 的分配比例 k 有關，也與其他參數有關。

我們先分析超額利潤 ΔV 的分配比例 k 對收斂與協作的影響。由於渠道關係是一個長期過程，沒有明確的結束時間，比例 k 是通過討價還價確定的，這實際上是一個無限期的討價還價博弈問題。在無限期的討價還價博弈問題中，必須考慮製造商和零售商的貼現系數，分別設為 δ_M, δ_R（$0 \leq \delta_M, \delta_R \leq 1$），根據羅賓斯坦定理（1982），如果製造商首先出價，則製造商與零售商討價還價的結果——製造商的分享比例為：

$$k = \frac{\delta_R(1-\delta_M)}{1-\delta_R\delta_M}$$

代入 D 的坐標表達式得到：

$$x_D = \frac{\Delta F_R}{\frac{(1-\delta_R)\Delta V}{1-\delta_R\delta_M} - \Delta U_R + \Delta F_R}$$

$$y_D = \frac{\Delta U_M}{\frac{\delta_R(1-\delta_M)\Delta V}{1-\delta_R\delta_M} + \Delta U_M - \Delta F_M}$$

根據幾何概型，可以求出收斂於（協作，協作）的概率為：

$$prob(\to 協作) = 1 - \frac{\Delta F_R}{\frac{2(1-\delta_R)\Delta V}{1-\delta_R\delta_M} - 2\Delta U_R + 2\Delta F_R}$$

$$- \frac{\Delta U_M}{\frac{2\delta_R(1-\delta_M)\Delta V}{1-\delta_R\delta_M} + 2\Delta U_M - 2\Delta F_M} \quad (7.7)$$

製造商和零售商都希望（7.7）越大越好，於是從（7.7）式可以得出以下結論。

結論7.1：渠道協作的可能性與超額利潤成正比；當超額利潤趨近無窮時，製造商和零售商完全協作。

結論7.1說明製造商和零售商看重協作的收益，當協作產生的超額利潤越大時，系統收斂於均衡點C的概率越大。因為趨近協作的概率是協作超額利潤的增函數。在實踐中，就要求要注重協作雙方能否實現資源的互補性，技術、產品以及財務等方面的協同效應，以實現因協作產生的超額利潤極大化，從而保證渠道成員協作關係的建立和穩定。葉海明，張麗萍（2006）通過對汽車渠道的協作問題研究認為：建議採用以獎代懲的方法，即對於未實施試乘試駕的經銷商不給予懲罰，而是對於執行試乘試駕的經銷商給予獎勵。此方式將引導汽車的經銷商們意識到開展該活動既無多少開銷又會獲得獎勵，從而使超額利潤增加。權衡利弊之後，參與試乘試駕市場推廣活動的積極性自然大大增加。

另外一個案例就是：國美與格力在決裂3年後，國美與格力開始修補廠商關係進行區域協作。據瞭解，由於格力90%以上的產品通過自建的渠道進行銷售，因此格力對家電連鎖的態度仍然比較強硬，不太可能全面與家電連鎖協作。格力目前與

國美高調宣布恢復協作，國美在廣州市場開始大規模採購格力空調產品，同時承諾尊重格力的市場規則，今後在價格戰中不拿格力開刀。而格力也承諾今後將以價格優惠的向國美供貨。他們正是看到了未來協作的超額利潤，才會再次協作。

結論 7.2：如果製造商（或零售商）協作，零售商（或製造商）不協作，製造商（或零售商）協作的損失 ΔU_M（或 ΔF_R）越小，渠道關係趨近協作的可能性越大。

結論 7.2 成立是因為 $\dfrac{\partial prob(\to 協作)}{\partial \Delta U_M} = \dfrac{2[\Delta F_M - K]}{(2K + 2\Delta U_M - 2\Delta F_M)^2} \leq 0$（因為 $k\Delta V \geq \Delta F_M$），其中 $K = \dfrac{\delta_R \Delta V(1 - \delta_M)}{1 - \delta_R \delta_M}$；同時，$\dfrac{\partial prob(\to 協作)}{\partial \Delta F_R} = \dfrac{2[\Delta U_R - I]}{(2I - 2\Delta U_R + 2\Delta F_R)^2} \leq 0$（因為 $\Delta U_R \leq (1 - k)\Delta V$），其中 $I = \dfrac{(1 - \delta_R)\Delta V}{1 - \delta_R \delta_M}$。該結論表明在渠道關係中保護協作者的利益顯得非常重要，如果某一博弈方協作，另一博弈方背叛，那麼將勢必影響協作。

例如：2004 年 3 月，國美單方面宣布降價，導致格力與國美產生很大分歧。隨後國美向各地分公司下發了一份「關於清理格力空調庫存的緊急通知」，要求各地分公司將格力空調的庫存及業務清理完畢。格力總部隨即反擊，提出如果國美不按照格力的遊戲規則處事，格力將把國美清除出自己的銷售體系。國美、格力由此交惡，之後雙方經過短暫的對峙後，格力全線退出國美電器並開始自建銷售渠道。從渠道角度看，正是因渠道協作受損，才導致他們之間的衝突。

結論 7.3：渠道協作的可能性與各自的貼現因子成正比。

結論 7.3 成立是因為

$$\frac{\partial prob(\to 協作)}{\partial \delta_R} = \frac{2\Delta V \Delta F_R (1-\delta_M)}{(1-\delta_R \delta_M)[N\Delta V - 2\Delta U_R + 2\Delta F_R]^2} +$$

$$\frac{2\Delta V \Delta U_M (1-\delta_M)}{(1-\delta_R \delta_M)[\delta_R N\Delta V + 2\Delta U_M - 2\Delta F_M]^2} \geq 0, \frac{\partial prob(\to 協作)}{\partial \delta_M} \geq$$

0，其中 $N = \frac{2(1-\delta_R)\Delta V}{1-\delta_R \delta_M}$。其直觀意義是渠道雙方對未來協作產生的超額利潤的依賴或重視的程度。貼現因子越大，說明未來收益對博弈雙方帶來的效用越大，而當貼現因子減小時，說明雙方更看中眼前的利益，採取機會主義行為不利於系統向完全協作方向演化，而且，當 $\delta_R \neq \delta_M$ 時，意味著雙方對協作產生的超額利潤的依賴或重視程度不同（葉海明和張麗萍，2006）。

7.2.2.2 當 $(1-k)\Delta V < \Delta U_R$ 或者 $k\Delta V < \Delta F_M$ 的情況

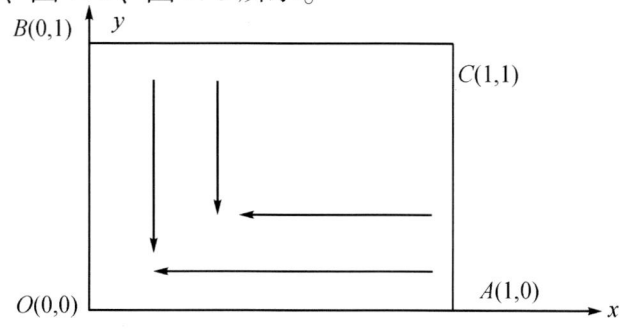

因為只要 $(1-k)\Delta V < \Delta U_R$，$k\Delta V < \Delta F_M$ 中的一個成立就只有唯一的均衡（不協作，不協作），可以分為三種情況：

（ⅰ）$(1-k)\Delta V < \Delta U_R$；

（ⅱ）$k\Delta V < \Delta F_M$；

（ⅲ）$(1-k)\Delta V < \Delta U_R k\Delta V < \Delta F_M$。

根據 7.2.2.1 節的理論，我們直接畫出它們的二維相位圖，如圖 7.4、圖 7.5、圖 7.6 所示。

圖 7.4 滿足 $(1-k)\Delta V < \Delta U_R$，$k\Delta V < \Delta F_M$ 的相位圖

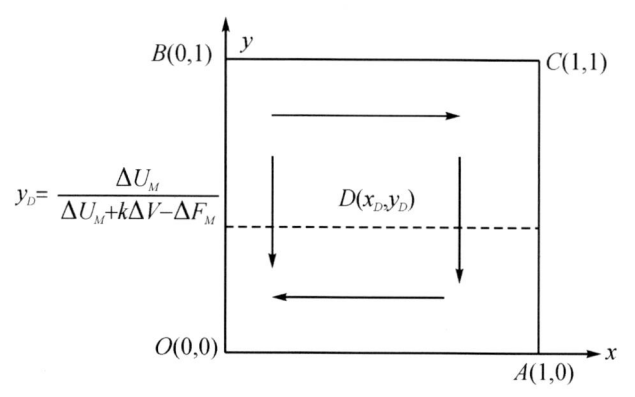

图 7.5 满足 $k\Delta V < \Delta F_M$ 的相位图

$$y_D = \frac{\Delta U_M}{\Delta U_M + k\Delta V - \Delta F_M}$$

$$x_D = \frac{\Delta F_R}{(1-k)\Delta V - \Delta U_R + \Delta F_R}$$

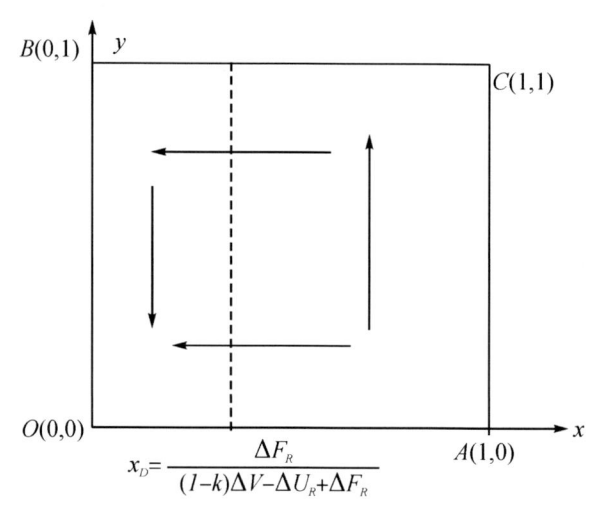

图 7.6 满足 $(1-k)\Delta V < \Delta U_R$ 的相位图

从这三种情况可以看到，三种情况都有唯一一个进化稳定策略（ESS）$O(0,0)$。也就是说三种情况都会实施（不协作，不协作），这与完全理性的结论是一致的。导致这样的原因主要是双方协作得到的超额利润太低，而背叛协作者获得的利润更高。

实际上，我们看到尽管（协作，协作）不能实现，但明显（协作，协作）帕累托优于（不协作，不协作），因此这种情况

下製造商和零售商會陷入「囚徒困境」。

7.3　具體需求函數下的渠道進化分析

前面 7.2 節，我們分析了一般的模型，為以後的研究提供了一個分析框架，本節就一個具體的需求函數來幫助企業進行決策分析指導。

7.3.1　博弈模型的建立與分析

為了分析方便，先做以下符號說明：
G，g——製造商和零售商的邊際利潤；
$p = G + g$——零售價格；
$q = a - bp + \lambda e$——關於價格 p 的消費者需求函數。其中 $a > 0$，$b > 0$；
要求 $\lambda^2 < 4b$ [①]。
e^2——零售商的行銷努力成本；
e——零售商的行銷努力；
C，c——製造商和零售商各自的總固定成本，假設 $C = 0$，$c = 0$；
Π，π——造商和零售商各自的利潤。

7.3.1.1　製造商和零售商都協作的情況

在渠道決策中，製造商和零售商協作才會實現帕累托最優。而要實現協作，一種方式是一個渠道成員整合整個渠道，通過確定零售價格先實現渠道總利潤最大化，然後獲得利潤在製造

---

① 只是為了保證最優價格不小於零。

商和零售商之間分配。於是總的渠道利潤函數為：

$$\Pi_T = (G+g)[a-b(G+g)+\lambda e] - e^2 \qquad (7.8)$$

於是（7.8）式的一階條件為：

$$G^{T*} = g^{T*} = \frac{a}{4b-\lambda^2}, \ e^{T*} = \frac{a\lambda}{4b-\lambda^2} \qquad (7.9)$$

因此，最優邊際利潤和最優總利潤分別為：

$$\Pi^{T*} = \frac{a^2}{4b-\lambda^2} \qquad (7.10)$$

如何分配總的得益，是一個非常重要的問題，吉蘭德和舒甘（1983）研究了渠道總利潤的分配方式，這是一個納什討價還價問題，假設製造商與零售商通過討價還價確定製造商獲得總利潤的比例為 k，$0 \leq k \leq 1$。

設製造商和零售商的貼現系數分別為 δ_M, δ_R（$0 \leq \delta_M, \delta_R \leq 1$），根據羅賓斯坦定理（1982），如果製造商首先出價，則製造商與零售商討價還價結果——製造商的分享比例為：

$$k = \frac{\delta_R(1-\delta_M)}{1-\delta_R\delta_M}$$

於是製造商和零售商分別得到最優利潤：

$$\Pi_M^{T*} = \frac{\delta_R(1-\delta_M)a^2}{(1-\delta_R\delta_M)(4b-\lambda^2)}$$

$$\pi_R^{T*} = \frac{(1-\delta_R)a^2}{(1-\delta_R\delta_M)(4b-\lambda^2)}$$

7.3.1.2　製造商和零售商都不協作的情況（納什均衡）

如果製造商和零售商都不願意協作，都是以個人理性最大化出發，那麼這實際上就是一般非協作博弈。得到製造商和零售商的利潤函數分別為：

$$\Pi_M = Gq = G[a-b(G+g)+\lambda e];$$
$$\pi_R = gq = g[a-b(G+g)+\lambda e] - e^2$$

納什均衡為：

$$(G^{N*}, g^{N*}, e^{N*}) = (\frac{2a}{6b-\lambda^2}, \frac{2a}{6b-\lambda^2}, \frac{a\lambda}{6b-\lambda^2}) \quad (7.11)$$

最優利潤分別為：

$$\Pi_M^{N*} = \frac{4a^2b}{(6b-\lambda^2)^2}$$

$$\pi_R^{N*} = \frac{4a^2b - a^2\lambda^2}{(6b-\lambda^2)^2} \quad (7.12)$$

比較（7.9）（7.10）（7.11）（7.12）得結論7.4。

結論7.4：在需求函數 $q = a - b(G+g) + \lambda e$ 下，渠道協作的總利潤不小於渠道非協作的總利潤，並且協作付出的最優努力低於非協作付出的最優努力。

證明見本章附錄A。

從結論7.4我們可以看到，渠道協作是渠道雙方都希望的，但在完全理性條件下是否能夠實現呢？

7.3.1.3 一個協作另一個不協作的情況

如果一個渠道成員採用協作，另一個渠道成員不協作。先假設製造商協作，零售商不協作，那麼零售商應該是在給定製造商協作（選擇 $G^{T*} = \frac{a}{4b-\lambda^2}$）的條件下，選擇零售價格和努力程度使得他的利潤最大化，即：

$$\max_{g,e}[a - b(\frac{a}{4b-\lambda^2} + g) + \lambda e] - e^2 \quad (7.13)$$

（7.13）式的最優決策為：

$$g^{N*} = \frac{2a(3b-\lambda^2)}{(4b-\lambda^2)^2}$$

$$e^{N*} = \frac{\lambda a(3b-\lambda^2)}{(4b-\lambda^2)^2}$$

於是製造商協作，零售商不協作的最優利潤分別為：

$$\Pi_M^{C*} = \frac{2ba^2(3b-\lambda^2)}{(4b-\lambda^2)^3}$$

$$\pi_R^{NC*} = \frac{a^2(3b-\lambda^2)^2}{(4b-\lambda^2)^3}$$

同理可得零售商協作，製造商不協作時，雙方的利潤分別為：

$$\Pi_M^{NC*} = \frac{9a^2b}{4(4b-\lambda^2)^2}$$

$$\pi_R^{C*} = \frac{3a^2b - 2a^2\lambda^2}{2(4b-\lambda^2)^2}$$

綜合前面幾種情況，我們得到渠道博弈的得益矩陣見表7.4。

表7.4　　製造商和零售商博弈的得益矩陣

		零售商	
制造商		協作	不協作
	協作	$\dfrac{\delta_R(1-\delta_M)a^2}{(1-\delta_R\delta_M)(4b-\lambda^2)}, \dfrac{(1-\delta_R)a^2}{(1-\delta_R\delta_M)(4b-\lambda^2)}$	$\dfrac{2ba^2(3b-\lambda^2)}{(4b-\lambda^2)^3}, \dfrac{a^2(3b-\lambda^2)^2}{(4b-\lambda^2)^3}$
	不協作	$\dfrac{9a^2b}{4(4b-\lambda^2)^2}, \dfrac{3a^2b-2a^2\lambda^2}{2(4b-\lambda^2)^2}$	$\dfrac{4a^2b}{(6b-\lambda^2)^2}, \dfrac{4a^2b-a^2\lambda^2}{(6b-\lambda^2)^2}$

根據7.2節的理論，如果渠道博弈只有唯一的納什均衡，那麼製造商和零售商通過進化調整後的均衡與完全理性是一致的。因此接下來，我們只需研究協調博弈的渠道進化均衡。

命題7.2：在需求函數 $q = a - b(G+g) + \lambda e$ 下，(不協作，不協作) 是一個納什均衡。

證明見本章附錄B。

因此只需要滿足 $\dfrac{\delta_R(1-\delta_M)a^2}{(1-\delta_R\delta_M)(4b-\lambda^2)} > \dfrac{9a^2b}{4(4b-\lambda^2)^2}$，

$$\frac{(1-\delta_R)a^2}{(1-\delta_R\delta_M)(4b-\lambda^2)} > \frac{a^2(3b-\lambda^2)^2}{(4b-\lambda^2)^3}, \quad 即: \frac{\delta_R(1-\delta_M)}{(1-\delta_R\delta_M)} >$$

$$\frac{9b}{4(4b-\lambda^2)}, \frac{(1-\delta_R)}{(1-\delta_R\delta_M)} > \frac{(3b-\lambda^2)^2}{(4b-\lambda^2)^2}, 那麼該博弈就是協調$$

博弈。於是得到命題 7.3。

命題 7.3：在需求函數 $q = a - b(G + g) + \lambda e$ 下，如 $\frac{\delta_R(1-\delta_M)}{(1-\delta_R\delta_M)} > \frac{9b}{4(4b-\lambda^2)}, \frac{(1-\delta_R)}{(1-\delta_R\delta_M)} > \frac{(3b-\lambda^2)^2}{(4b-\lambda^2)^2}$，那麼該博弈是協調博弈。

7.3.2 需求函數 $q = a - b(G+g) + \lambda e$ 下渠道決策的進化博弈分析

將製造商看成一個群體，零售商看成另一個群體。假設製造商構成的群體中，採用「協作」策略博弈方比例為 x，那麼採用「不協作」策略的比例為 $1-x$；同時假設零售商群體中採用「協作」策略博弈方比例為 y，那麼採用「不協作」策略的比例為 $1-y$；根據 7.2 節的理論和命題 7.3，我們分別得到製造商群體和零售商群體的兩個複製動態方程和二維相位圖 7.7。

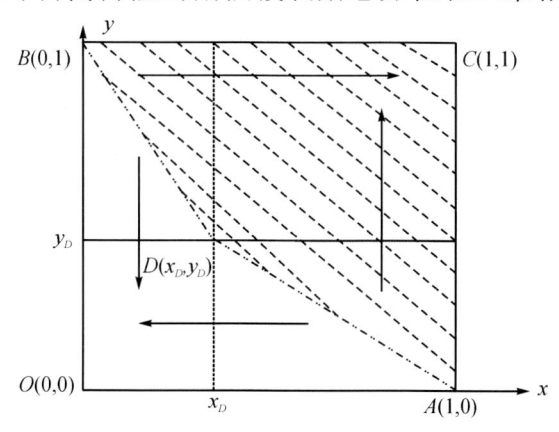

圖 7.7　渠道博弈的二維相位圖

$$\frac{\mathrm{d}x}{\mathrm{d}t} = x(1-x)a^2 \{y[\frac{\delta_R(1-\delta_M)}{(1-\delta_R\delta_M)A} - \frac{9b}{4A^2} - \frac{2b(B-3b)}{A^3} + \frac{4b}{B^2}] + [\frac{2b(B-3b)}{A^3} - \frac{4b}{B^2}]\}$$

$$\frac{\mathrm{d}y}{\mathrm{d}t} = y(1-y)a^2 \{x[\frac{(1-\delta_R)}{(1-\delta_R\delta_M)A} - \frac{(B-3b)^2}{A^3} - \frac{(3b-2\lambda^2)}{2A^2} + \frac{A}{B^2}] + [\frac{(3b-2\lambda^2)}{2A^2} - \frac{A}{B^2}]\}$$

其中 $A = 4b - \lambda^2$，$B = 6b - \lambda^2$。

$$y_D = \frac{\frac{4b}{B^2} - \frac{2b(B-3b)}{A^3}}{\frac{4b}{B^2} - \frac{2b(B-3b)}{A^3} + \frac{\delta_R(1-\delta_M)}{(1-\delta_R\delta_M)A} - \frac{9b}{4A^2}} ; \qquad (7.14)$$

$$x_D = \frac{\frac{A}{B^2} - \frac{(3b-2\lambda^2)}{2A^2}}{\frac{A}{B^2} - \frac{(3b-2\lambda^2)}{2A^2} + \frac{(1-\delta_R)}{(1-\delta_R\delta_M)A} - \frac{(B-3b)^2}{A^3}} ;$$

$$(7.15)$$

從圖 7.7 可以看出圖中的 5 個點 $O(0,0), A(1,0), B(0,1), C(1,1), D(x_D, y_D)$ 中，只有 $O(0,0), C(1,1)$ 是進化穩定策略（ESS）。

7.3.3　再論選擇協作型的渠道成員協作與渠道協作

製造商和零售商希望實現帕累托最優均衡點 $C(1,1)$，但我們看到完全實現該點是不可能的，圖 7.7 中的陰影部分面積 ADBO 表示實現（協作，協作）的可能性，自然希望點 D 收斂到點 O，也就是說希望點 D 的坐標 (x_D, y_D) 越小越好。

x_D, y_D 是製造商和零售商的貼現系數 δ_M, δ_R 的減函數，當貼現因子越大，說明未來收益對博弈雙方帶來的效用越大，越利

於系統向完全協作方向進化。當 $\delta_M \to 1, \delta_R \to 1$ 時,

$$x_D \to \frac{\dfrac{A}{B^2} - \dfrac{(3b-2\lambda^2)}{2A^2}}{\dfrac{A}{B^2} - \dfrac{(3b-2\lambda^2)}{2A^2} + \dfrac{1}{A} - \dfrac{(B-3b)^2}{A^3}}$$

$$y_D \to \frac{\dfrac{4b}{B^2} - \dfrac{2b(B-3b)}{A^3}}{\dfrac{4b}{B^2} - \dfrac{2b(B-3b)}{A^3} + \dfrac{1}{A} - \dfrac{9b}{4A^2}}$$

這表明即使製造商和零售商完全看重未來的收益,製造商和零售商也不會實現完全協作。同時也說明製造商和零售商的貼現系數對促進協作有一定作用,但不完全確定。這充分說明渠道成員的協作類型或協作精神對渠道協作的重要性。

在製造商選擇零售商,或者零售商選擇製造商時,雙方是否具有協作精神顯得特別重要,這就是我們第三章研究渠道成員的選擇和甄別時,為什麼考慮了渠道成員的協作精神的原因。

在第三章的 3.6.2.2 節我們研究了協作型零售商比例(協作能力)對決策變量的影響。結論 3.7 說明零售商的努力水準隨協作型零售商比例的增大而增大。市場上協作型零售商的比例越高,平均來講由於市場競爭,零售商的協作能力也就越強,那麼他自然就會努力工作。結論 3.8 說明零售商價格隨協作型零售商比例的增大而減小。如果協作能力較大,渠道成員更容易實現較好的協作,協作時就會提高零售價格來獲得更多利潤,這與一般的結論是相同的。結論 3.9 說明製造商批發價格隨協作型零售商比例的增大而增大。結論 3.10 說明製造商和零售商的最優利潤隨協作型零售商比例的增大而增大。儘管第三章我們只研究了零售商協作類型的選擇,但我們同樣還可以研究製造商協作類型的選擇。

在渠道實踐中,加大對渠道成員選擇的同時,我們還應該

加強對渠道成員的協作精神的培養，因為並不是每一個渠道成員都有協作精神。並且一般來講，經營能力較強的渠道成員的協作能力可能較弱，或者說不願意與其他渠道成員協作；願意協作的渠道成員往往經營能力不是很強。我們需要在這兩者之間進行適當的平衡。如果你看中經營能力很強的渠道成員，那麼最好在以後的經營中，充分傳遞自己的協作精神和協作意願，要讓對方看到未來較大收益的希望，彼此相互信任，相互理解，坦誠相待，這樣更容易建立穩定的協作關係。

附錄 A：結論 7.4 的證明。

要證明 $\Pi^{T*} \geqslant \Pi_M^{N*} + \pi_R^{N*}$，只需證明 $\dfrac{1}{4b - \lambda^2} \geqslant \dfrac{8b - \lambda^2}{(6b - \lambda^2)^2}$。

因為：

$$\frac{1}{4b - \lambda^2} - \frac{8b - \lambda^2}{(6b - \lambda^2)^2} = \frac{(6b - \lambda^2)^2 - (8b - \lambda^2)(4b - \lambda^2)}{(4b - \lambda^2)(6b - \lambda^2)^2}$$

$$= \frac{4b^2}{(4b - \lambda^2)(6b - \lambda^2)^2} \geqslant 0$$

附錄 B：納什均衡（不協作，不協作）的證明。

（1）證明 $\dfrac{4a^2 b - a^2 \lambda^2}{(6b - \lambda^2)^2} > \dfrac{3a^2 b - 2a^2 \lambda^2}{2(4b - \lambda^2)^2}$。

因為：

$$\frac{4a^2 b - a^2 \lambda^2}{(6b - \lambda^2)^2} - \frac{3a^2 b - 2a^2 \lambda^2}{2(4b - \lambda^2)^2} = \frac{3a^2 b^2 \lambda^4}{(4b - \lambda^2)(6b - \lambda^2)^2} > 0$$

（2）證明 $\dfrac{4a^2 b}{(6b - \lambda^2)^2} \geqslant \dfrac{2ba^2(3b - \lambda^2)}{(4b - \lambda^2)^3}$。

因為：

$$\frac{4a^2 b}{(6b - \lambda^2)^2} - \frac{2ba^2(3b - \lambda^2)}{(4b - \lambda^2)^3} = \frac{2a^2 b(20b^3 - 24b^2 \lambda^2 + 9b\lambda^4 - \lambda^6)}{(6b - \lambda^2)^2 (4b - \lambda^2)^3}$$

只需證明 $f(\lambda) = 20b^3 - 24b^2\lambda^2 + 9b\lambda^4 - \lambda^6 \geq 0 (4b > \lambda^2)$，取常數 $b = 1$，用 *Matlab* 得到 $f(\lambda)$ 的圖像，如圖 7.8 所示，說明 $f(\lambda)$ 總是不小於零。

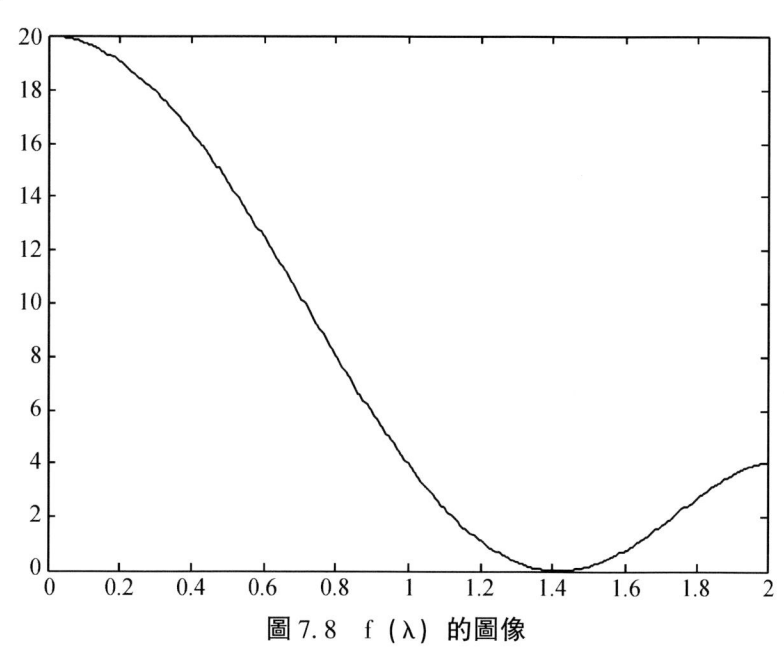

圖 7.8 $f(\lambda)$ 的圖像

8
結論與研究展望

8.1　本書的主要結論

　　結論一：渠道協作根源於渠道成員之間的相互依賴性。從管理的視角和從資源的視角看，協作意味著把自己內部的核心優勢與協作夥伴的獨特能力結合起來。從受益的角度看，協作比不協作帶來的收益大。渠道成員有協作的動因。但是渠道成員容易偏離協作行為，有追求短期利潤的傾向，從而導致陷入「囚徒困境」。

　　結論二：與完全信息情形相比，在不對稱信息情況下製造商對經營能力強的零售商的銷售量要求並無變化，但要求經營能力差的零售商生產低於帕累托最優水準的銷售量。

　　結論三：在簡單渠道關係中，製造商的甄別力度越大，零售商的努力水準越高。當製造商付出最大努力甄別零售商時，零售商付出的努力最大；如果製造商不甄別時，零售商的努力水準最小；而一般情況甄別時，零售商付出的努力水準介於兩者之間。當製造商付出最大努力甄別零售商時，最優零售價格最大；如果製造商不甄別時，最優零售價格最小，而一般情況甄別時，最優零售價格介於兩者之間。

　　結論四：隨著製造商甄別力度的增大，製造商的最優批發價格也增大。當製造商付出最大努力甄別零售商時，零售商的最優利潤最大；如果製造商不甄別時，零售商的最優利潤最小；而一般情況甄別時，零售商的最優利潤介於兩者之間。當製造商付出最大努力甄別零售商時，製造商的最優利潤反而最小；如果製造商一般甄別時，製造商的最優利潤最大；而完全不甄別時，製造商的最優利潤介於兩者之間。

結論五：零售商的努力水準隨協作型零售商比例的增大而增大。零售商價格隨協作型零售商比例的增大而減小。製造商批發價格隨協作型零售商比例的增大而增大。製造商和零售商的最優利潤隨協作型零售商比例的增大而增大。

結論六：在無限期動態條件下，渠道協作時的最優銷售價比其他渠道博弈關係（非協作靜態渠道、製造商領導的斯塔克爾博格渠道和零售商領導的斯塔克爾博格渠道）時的最優銷售價要低，製造商的最優邊際利潤最大，製造商的最優品牌投資最大，製造商的最優聲譽最大。

結論七：在無限期動態條件下，和其他渠道關係（非協作靜態渠道、製造商領導的斯塔克爾博格渠道和零售商領導的斯塔克爾博格渠道）相比，渠道協作時零售商的最優行銷努力最大，渠道最優總利潤最大。

結論八：渠道總利潤都隨聲譽衰減系數的減小而減小。無論是總利潤還是渠道成員的利潤都隨貼現系數的增大而增大。當貼現系數 $\delta \to 1$ 時，最優利潤趨近無窮。

結論九：協作時製造商分享總利潤的系數滿足一定範圍，製造商和零售商都願意協作。但參數之間必須滿足一定的關係。

結論十：在基於顧客滿意的渠道中，製造商和零售商的最優利潤隨零售商對未來貼現系數的增大而增大。製造商不給予零售商基於顧客滿意的努力水準激勵，零售商仍然有基於顧客滿意的努力的傾向。

結論十一：基於顧客滿意的渠道激勵中，零售商會付出基於顧客滿意的努力，製造商對零售商激勵（努力成本補貼）時，零售商付出基於顧客滿意的努力大於製造商不對零售商激勵的努力水準。製造商對零售商的長期性努力水準激勵隨零售商對未來貼現系數的增大而減小。

結論十二：在渠道協作中，整個渠道成員會付出基於顧客

滿意的努力水準，且基於顧客滿意的努力水準隨著貼現系數的增大而增大。基於顧客滿意的長期努力水準最高，渠道最優總利潤最大。

結論十三：如果從信息不對稱激勵的視角看，零售商付出的最優努力程度與製造商給予的激勵系數正相關，與零售價格正相關，與風險規避度負相關，與批發價格無關。最優激勵系數與風險規避度和產出方差負相關。

結論十四：從信息不對稱激勵的視角看，在由多個製造商和一個零售商構成的渠道系統中，零售商對某個產品付出的行銷努力大小與該製造商給予的激勵系數的大小正相關，與其他製造商給予的激勵系數的大小負相關。在由多個製造商和一個零售商構成的渠道系統中，零售商對某個產品付出的行銷努力大小與該商品的零售價格和批發價格之差的大小正相關，與其他商品的零售價格和批發價格之差的大小負相關，在多製造商渠道系統中，某個製造商給零售商的最優激勵系數與零售商銷售他的產品的單位利潤成反比。在多製造商渠道系統中，某個製造商給零售商的最優激勵系數與他的產品的零售價格成反比，與對方產品的零售價格成正比。

結論十五：從信息不對稱激勵的視角看，在由一個製造商和多個零售商構成的渠道系統中，不同零售商對產品付出的行銷努力大小與製造商給予的激勵系數的大小正相關。不同零售商對產品付出的行銷努力大小與商品的零售價格和批發價格之差的大小正相關。製造商對某個零售商提供的激勵系數隨風險波動增大而減小，隨該零售商的風險規避度的增大而減小，與另一個零售商的風險規避度無關。某個零售商付出的努力隨風險波動增大而減小，隨該零售商的風險規避度的增大而減小，與另一個零售商的風險規避度無關，隨努力的產出系數的增大而增大。

結論十六：在有限理性的假設下，渠道協作的可能性與超額利潤成正比；當超額利潤趨近無窮時，製造商和零售商完全協作。如果製造商（或零售商）協作，零售商（或製造商）不協作，製造商（或零售商）協作的損失 ΔU_M（或 ΔF_R）越小，渠道關係趨近協作的可能性越大；渠道協作的可能性與各自的貼現因子成正比。

　　結論十七：在需求函數 $q = a - b(G + g) + \lambda e$ 下，渠道協作的總利潤不小於渠道非協作的總利潤，並且協作付出的最優努力低於非協作付出的最優努力。

8.2　本書的主要創新之處

　　第一，如果市場由不同類型的零售商組成，那麼零售商的努力水準隨市場中「協作型」零售商所占比例的增大而增大，而零售價格隨市場中「協作型」零售商所占比例的增大而減小。製造商批發價格隨「協作型」零售商所占比例的增大而增大。製造商和零售商的最優利潤隨「協作型」零售商所占比例的增大而增大。具體內容請參見第三章。

　　第二，在無限期動態條件下，和其他渠道關係（非協作靜態渠道、製造商領導的斯塔克爾博格渠道和零售商領導的斯塔克爾博格渠道）相比，渠道協作時的最優零售價格最低，製造商的最優邊際利潤最大、最優品牌投資最大、最優行銷努力最大與渠道最優總利潤最大。同時，協作時製造商分享總利潤的比例在一定範圍內，製造商和零售商都願意協作。進一步來說，如果將零售商的行銷努力分為短期性努力（零售商偏好的）和長期性努力（製造商偏好的），並且製造商對零售商的長期性努

力補償激勵時，那麼當激勵系數在不同的範圍內，渠道協作時的總利潤、製造商的利潤和零售商的利潤的增減性不同。具體內容請參見第四章。

第三，從信息對稱的視角看，製造商希望零售商多付出基於顧客滿意的行銷努力。當零售商付出了基於顧客滿意的行銷努力時，如果製造商不給予零售商激勵，那麼零售商仍然會付出基於顧客滿意的努力；如果製造商對零售商激勵（努力成本補貼）時，零售商付出的基於顧客滿意的努力會更大。進一步來說，如果零售商更看重渠道協作的未來收益，那麼製造商對零售商的激勵程度就應該減小。從信息不對稱的視角看，零售商付出的最優努力（一般性行銷努力）程度隨激勵系數、零售價格增大而增大，與批發價格無關。最優激勵系數隨渠道成員的風險規避度、產出不確定性增大而減小。具體內容請參見第五章、第六章。

第四，在有限理性的假設下，渠道協作的可能性與渠道超額利潤成正比；當超額利潤趨近無窮時，製造商和零售商完全協作。如果製造商（或零售商）協作，零售商（或製造商）不協作，製造商（或零售商）協作的損失越小，渠道關係趨近協作的可能性越大；渠道協作的可能性與各自的貼現因子成正比。具體內容請參見第七章。

8.3 本書的研究局限

第一，本書主要立足於渠道成員的微觀行為機制研究，採用定量分析方法得到了若干結論，而對行銷實踐層面的研究不多。例如，作者認為對零售商或對製造商應該採用適當激勵機

制，而行銷實踐中採用的激勵措施十分多，作者並沒有把這些措施剝離變量納入模型中。

第二，作者通過博弈論方法得到了一些有用的結論。霍姆斯特姆和米爾羅格姆（1987）認為在現實中，往往簡單的合約才是最優的。理論研究者做了大量的研究，設計出了十分複雜的渠道協作機制（包括本書設計的一些機制）。這些機制的實用性還沒有討論。比較理想的方式應該採用實證研究來進一步證明結論的實用性，而由於研究經費和時間的限制，實證數據的收集太難，目前只能對個別企業進行案例研究。

第三，為了實現渠道帕累托最優，例如，整合機制在一定的渠道環境中可能是最優的，數量折扣機制在一定條件下也是最優的。但作者發現為了實現協作，一些機制對零售商（或對製造商）是「強加的」，儘管實現了協作，但對渠道成員一方是「不公平」的。因此，渠道中的「公平」既是製造商關心的問題，也是零售商關心的問題，在本書中作者沒有研究。

8.4 未來的研究展望

行銷渠道協作一直是國內外研究的熱點問題，本書在已有的研究成果基礎上繼續對這一重要問題進行研究，得出了一些重要的結論。限於篇幅，還有一些問題值得深入研究：

第一，渠道結構有多種形式，本書主要研究了製造商—顧客、製造商—零售商—顧客這兩種形式。不同的渠道結構應有不同的協作機制，需要進行比較分析。

第二，本書主要是在線性需求函數的假設之下完成的，而需求函數不同，其結論也可能不一樣。李和斯特林（1997）研

究了五類需求函數（$q_i = a_i - b_i p_i + \gamma_j p_j$、$q_i = \exp(a_2 - b_2 p_i + \gamma_j p_j)$、$q_i = a_3 p_i^{-b_3} p_j^{\delta}$、$q_i = (a_4 - b_4 p_i) p_j^{\delta}$、$q_i = (-a_5 + \dfrac{b_5}{p_i}) p_j^{\delta}$）下的渠道戰略問題。需要進一步分析在這些需求函數下我們的結論如何，但可能在數學上比較複雜。

第三，定量研究渠道協作機制時，一般都研究製造商和零售商之間的關係，往往忽略了顧客的作用，我們已經看到廠商關係由過去重視廠家階段，到重視分銷商階段，開始轉移到重視最終顧客階段了。因此渠道也應該以最終顧客導向為追求目標。本書的第五章儘管涉及該問題，但研究不足，我們的研究僅僅是考慮了零售商給予顧客滿意的努力分類，沒有考慮製造商、零售商、顧客的三方博弈，或者需要考慮渠道博弈鏈。

第四，模型化研究結論能否與實踐相符合，需要進行實證研究，通過某個行業實證研究，來進一步證明我們結論的實用性。

參考文獻

[1] AKERLOF G A. The Market for Lemons: Quality Uncertainty and the Market Mechanism [J]. Quarterly Journal of Economics, 1970, 84 (3): 488 - 500.

[2] BERGLUND A, ROLAND A. A Note on Manufacturers' Choice of Distribution channel [J]. Management Science, 1959, 5 (4): 460 - 471.

[3] BAGOZZI R P. Marketing as Exchange [J]. Journal of Marketing, 1967, 51 (10): 32 - 39.

[4] BRICKLEY, DARK. The choice of organization form: The Case of Franchising [J]. Journal of Financial Economics, 1987, 18 (2): 334 - 359.

[5] BENJAMIN F B, TRACY R. Optimal Retail Contracts with Asymmetric Information and Moral Hazard [J]. RAND Journal of Economics, 1994, 25 (2): 284 - 296.

[6] BRETON M, JARRAR R, ZACCOUR G. A Note on Feedback Stackelberg Equilibria in a Lanchester Modelwith Empirical

Application [J]. Management Science, 2006, 52 (5): 804 – 811.

[7] COUGHLAN A T. Competition and Cooperation in Marketing Channel Choice: Theory and Application [J]. Marketing Science, 1985, 4 (2): 110 – 129.

[8] COUGHLAN A T, WERNERFELT B. On Credible Delegation by Oligopolists: A Discussion of Distribution Channel Management [J]. Marketing Science, 1989, 35 (2): 226 – 239.

[9] CHOI S C. Price Competition in a Channel Structure Commonretailer [J]. Marketing Science, 1991, 10 (4): 271 – 290.

[10] CHINTAGUNTA P K, JAIN D. A Dynamic Model of channel Member Strategies for Marketing Expenditures [J]. Marketing Science, 1992, 11 (2): 168 – 188.

[11] CRESSMAN R, The Stability Concept of Evolutionary Game Theory [M]. Springer Verlag (Berlin), 1992.

[12] CAO T L, YUSHIN H. Channel Coordination Through a Revenue Sharing Contract in a Two – period Newsboy Problem [J]. European Journal of Operational Research, 2008, 29 (2): 1 – 8.

[13] DOUGLAS. Economoics of Marketing [M]. NewYork: Harpe Row, 1975.

[14] DESIRAJU R, MOORTHY S. Managing a Distribution Channel under Asymmetric Information with Performance Requirements [M]. Management Science, 1997, 31 (12): 1,628 – 1,644.

[15] ETGAR. Intrachannel Conflict and Use of Power [J]. Journal of Marketing Research, 1978, 78 (2): 53 – 58.

[16] ESTHER G O, TANSEV G, Anthony J Dukes. Information Sharing in a Channel with Partially Informed Retailers [J]. Marketing Science, 2008, 27 (4): 642 – 658.

[17] GERSTNER E, HESS J D. Pull Promotion and Channel Structure Coordination [J]. Marketing Science, 1995, 14 (1): 43-59.

[18] GUPTA S, LOULOU R. Process Innovation, Product Differentiation and Channel Structure: Strategic Incentives in a Duopoly [J]. Marketing Science, 1998, 17 (5): 301-316.

[19] GERARD P, CAEHONAND, MARTIN A, Lareiere. Turning the Supply Chain into a Revenue Chain [J]. Harvard Business Review, 2001, 79 (3): 66-67.

[20] GUPTA S, FRASER S. Channel Structure with Knowledge Spillovers [J]. Marketing Science, 2008, 27 (2): 247-261.

[21] HOLMSTROM B. Moral Hazard and Observability [J]. Bell J. Econom. 1979, 10 (1): 74-91.

[22] HOLMSTROM B, MILGROM P. Aggregation and Linearity in the Prpvision of Intertemporal Incentives [J]. Econometrica, 1987, 55 (4): 303-28.

[23] HE X, PRASAD A, SETHI S P. Cooperative Advertising and Pricing in a Stochastic Supply Chain: Feedback Stackelberg Strategies [J]. Working paper. The University of Texas at Dallas, 2007.

[24] HUANG W, JAYASHANKAR M, SWAMINATHAN A B. Introduction of a Second Channel: Implications for Pricing and Profits [J]. European Journal of Operational Research, 2009, 29 (1): 258-279.

[25] ISAACS R. Differential Games [M]. Wiley, New York, 1965.

[26] JEULAND A P, SHUGAN S M. Managing Channel Prof-

its [J]. Market Science, 1983, 2 (3), 239-272.

[27] JEULAND A P, SHUGAN S M. Reply to: Managing Channel Profits: Comments [J]. Market Science, 1988a, 7 (3): 103-106.

[28] JEULAND A P, SHUGAN S M. Channel of Distribution Profits when Channel Members form Conjectures [J]. Marketing Science, 1988b, 7 (2): 239-272.

[29] JØRGENSEN S, SIGUÉ S P, ZACCOUR G. Dynamic Cooperative Advertising in a Channel [J]. Journal of Retailing, 2000, 76 (1): 71-92.

[30] JØRGENSEN S, SIGUÉ S P, ZACCOUR, G. Dynamic Cooperative Advertising in a Channel [J]. Journal of Retailing 2000, 34 (7): 71-92.

[31] JØRGENSEN S, SIGUÉ S P, ZACCOUR, G. Stackelberg Leadership in a Marketing Channel [J]. International Game Theory Review, 2001, 3 (2): 13-26.

[32] JØRGENSEN S, ZACCOUR G. Channel Coordination over Time: Incentive Equilibria and Credibility [J]. Joural of Economic Dynamics & control, 2003, 27 (1), 801-822.

[33] JØRGENSEN S, TABOUBI S, ZACCOUR, G. Retail Promotions with Negative Brand Image Effects: Is Cooperation Possible? [J]. European Journal of Operational Research, 2003, 27 (1): 395-405.

[34] JØRGENSEN S, TABOUBI S, ZACCOUR, G. Incentives for Retailer Promotion in a Marketing Channel [J]. Annals of the International Society of Dynamic Games, 2006, 42 (8): 365-378.

[35] KARRAY S, ZACCOUR, G. Dynamic Games: Theory

and Applications [M]. Springer, New York, 2005: 213-230.

[36] LAFONTAINE. Franchising: As a Share Contract: An Empirical Assessment [J]. Unpu - lished Doctoral Dissertation, Vancouver: Department of Economics, University of British Columbia, 1988.

[37] LAL R. Improving Channel Coordination through Franchising [J]. Market Science, 1990, 19 (4): 299-318.

[38] LEE E, STAELIN R. Vertical Strategic Interaction: Implications for Channel Pricing Strategy [J]. Marketing Science, 1997, 16 (3): 185-207.

[39] LARIVIERE M A. Supply Chain Contracting and Coordination with Stochastic Demand. S TAYUR, M MAGAZINE, R GANESHAN, eds. Quantitative Models of Supply Chain Management [J]. Kluwer Academic Publishers, Boston, MA, 1999: 233-268.

[40] MAYNARD SMITH J, PRICE G R. The Logic of Animal Conflict [J]. Nature, 1973, 246 (8): 15-18.

[41] MALLEN B. A Theory of Retailer - supplier Conflict, Control and Cooperation [J]. Journal of Retailing, 1978, 39 (2): 24-32.

[42] MCGUIRE, STAELIN. Andustry Equilibrium Analysis of Downstream Vertical Integr - ation [J]. Marketing Science, 1983, 24 (2): 161-192.

[43] MCGUIRE, STAELIN. Channel Efficiency, Incentive Compatibility Transfer Pricing, and Markert Structure: An Equilibrium Analysis of Channel Relationship [C], Rearch in marketing, Vol. 8, Louis P. Bucklin (Ed), Greenwich, CT: JAI Press, 1986.

[44] MOORTHY K, SRIDHAR. Managing Channel Profits:

Comment [J]. Marketing Science. 1987, 6 (4): 375-379.

[45] MINAKSHI T. Distribution Channels: an Extension of Exclusive Retailer-ship [J]. Management Science, 1998, 44 (7): 896-909.

[46] MARTIN-HERRAN, G., TABOUBI S. Incentive Strategies for Shelf-space Allocation in Duopolies. In: A HAURIE, G ZACCOUR (eds.), Dynamic Games Theory and Applications, Springer, New York, 2005: 231-253.

[47] MARTIN-HERRAN G, TABOUBI S. Shelf-space Allocationandadvert Isingdecisions in the Markerting Channel: a Differential Game Approach [J]. Intern-ational Game Theory Review, 2005, 7 (3): 313-330.

[48] NORTON S W. An Empirical Look at Franchising as an Organization Form [M]. Journal of Business, 1988.

[49] NARAYANAN V G, RAMAN A. Contracting for Inventory in a Distribution Channel with Stochastic Demand and Substitute Products [J]. Working Paper, Harvard University, Boston, MA. 1997.

[50] NOAH L, TECK-HUA H. Designing Price Contracts for Boundedly Rational Customers: Does the Number of Blocks Matter? [J]. Marketing Science, 2007, 26 (3): 312-326.

[51] PONDY L R. Organizational Conflict: Concepts and Models [J]. Administrative Science Quarterly, 1967, 12 (2): 296-320.

[52] PSAHIGIAN. The Effect of Market Size on Concentration [J]. International Economic Review, 1969, 10 (3): 291-314.

[53] PASTERNACK B A. Optimal Pricing and Return Policies for Perishable Commodities [J]. Marketing Science. 1985, 4 (2):

166 – 176.

[54] ROGER P. Selecting and Evaluating Distributions [J]. New York: National Industrial Conference Board, 1965: 103 – 104.

[55] RICHARTZ, BALIGH, HELMY H, RICHARTZ, LEON E. Variable – Sum Game Models of Marketing Problems [J]. Journal of Marketing Research, 1967, 4 (2): 173 – 183.

[56] RICHARTZ. A Game Theoretic Formulation of Verical Market Structures, in Bucklin L. P (ed), Verical Marketing Systeams, Scott Foresman. Glenview Ⅲ, 1970: 180 – 205.

[57] ROSENBLOOM B. Marketing Channels: A Management View (6th ed) [M]. T. X: Dryden Press, 1999.

[58] RAFAEL M C, JOSE J, et al. The Manufactures' Choice of Distribution Policy Under Successive Duopoly [J]. Southern Economic journal, 2004, 70 (3): 532 – 548.

[59] RAJU J, JOHN Z. Channel Coordination in the Presence of a Dominant Retailer [J]. Marketing Science, 2005, 24 (2): 254 – 263.

[60] SPENCE A M. Job Marketing Signaling [J]. Quarterly Journal of Econo – mics, 1973, 87 (3): 355 – 374.

[61] STERN L W, REVE T. Distribution Channels as Political Economics [J]. Journal of Marketing, 1980, 44 (2): 52 – 64.

[62] SHUGAN S M. Implicit Understandings in Channel of Distribution [J]. Management Science, 1985, 31 (4): 435 – 460.

[63] STERN L W, El-ANSARY A. Marketing Channels [M]. New Jersey: Prentice – Hall, Inc, 1992: 21 – 31.

[64] TAYLOR T A. Channel Coordination Under Price Protection, Mid – life Returns, and End – of – life Returns in Dynamic Markets [J]. Management Science, 2001, 47 (9): 1220 – 1234.

[65] TAYLOR P, JONKER L. Evolutionary Stable Strategies and Game Dynamics [J]. Mathematical Biosciences, 1978: 145-156.

[66] TONY HAITAO C, JAGMOHAN S, RAJU Z, JOHN ZHANG. Fairness and Channel Coordination [J]. Management Science, 2007, 53 (8): 1,303-1,314.

[67] TECK-HUA H, JUANJUAN Z. Designing Pricing Contracts for Boundedly Rational Customers: Does the Framing of the Fixed Fee Matter? [J]. Management Science, 2008, 54 (4): 686-700.

[68] WHITE. The autommobile Industry Since 1945 [M]. Cambridge: Harvard University Press, 1971.

[69] WITZMAN M C. Efficient Incentive Contracts [J]. The Quarterly Journal of Economics, 1980.

[70] WUJIN C, DESAI P S. Channel Coordination Mechanisms for Customer Satisfactiontion [J]. Marketing Science, 1995, 14 (4): 343-359.

[71] ZUSMAN, PINHAS, ETGAR, MICHAEL. Marketing Channel as an Equilibrium Set of Contracts [J]. ManagementSci, 1981, 27 (3): 284-302.

[72] 安妮・T. 科蘭, 等, 行銷渠道（第7版）[M]. 蔣青雲, 等譯. 北京: 中國人民大學出版社, 2008.

[73] 伯特・羅森布羅姆. 行銷渠道 [M]. 宋華, 等譯. 北京: 中國人民大學出版社, 2006.

[74] 彼得・德魯克. 管理的實踐 [M]. 齊若蘭, 譯. 北京: 機械工業出版社, 2006.

[75] 陳釗. 信息與激勵經濟學 [M]. 上海: 三聯書店, 2005.

[76] 陳潔，何偉. 行銷渠道經銷商戰略聯盟動態和靜態博弈形成機理比較 [J]. 上海交通大學學報，2006，40（4）：641-643.

[77] 陳潔，呂巍. 行銷渠道戰略聯盟形成的博弈分析 [J]. 系統管理學報，2007，16（1）：65-68.

[78] 馮·諾依曼，摩根斯坦. 博弈論和經濟行為 [M]. 王文玉，王宇，譯. 上海：三聯書店，2004.

[79] 菲利普·科特勒. 市場行銷原理（第7版）[M]. 北京：清華大學出版社，1998.

[80] 菲利普·科特勒. 運銷管理——分析、計劃、執行和控制（9版）[M]. 梅汝和，等譯. 上海：上海人民出版社，1999.

[81] 菲利普·科特勒，凱勒. 行銷管理（第12版）[M]. 梅清豪，譯. 上海：上海人民出版社，2006：9.

[82] 傅強，曾順秋. 縱向協作廣告的微分對策模型研究 [J]. 系統工程理論與實踐，2007，27（11）：26-33.

[83] 郭國慶. 市場行銷管理——理論與模型 [M]. 北京：中國人民大學出版社，1995.

[84] 洪遠朋. 合作經濟的理論與實踐 [M]. 上海：復旦大學出版社，1996.

[85] 胡宇辰，熊子永，葉青. 組織行為學 [M]. 北京：經濟管理出版社，1998.

[86] 胡繼靈. 供應鏈的合作與衝突管理 [M]. 上海：上海財經大學出版社，2007.

[87] 蔣一中. 動態最優化基礎 [M]. 北京：中國人民大學出版社，2015.

[88] 肯特·門羅. 創造利潤的決策 [M]. 孫忠，譯. 北京：中國財政經濟出版社，2005.

[89] 廖成林, 劉中偉. 渠道管理中的廠商與分銷商的博弈分析 [J]. 重慶大學學報, 2003, 26 (2): 141-144.

[90] 李善良, 朱道立. 不對稱信息下供應鏈線性激勵契約委託代理分析 [J]. 計算機集成製造系統, 2005, 11 (12): 1758-1762.

[91] 羅定提, 仲偉俊, 張曉琪, 等. 分散式供應鏈中旁支付激勵機制的研究 [J]. 系統工程學報, 2001, 16 (3): 236-240.

[92] 陸芝青, 王方華. 基於交易成本的渠道決策模型 [J]. 商業時代, 2005 (8): 49-50.

[93] 牛保全. 行銷渠道合作理論及其應用 [J]. 商業研究, 2008 (1): 115-118.

[94] 潘群儒. 經濟管理動態系統優化 [M]. 北京: 中國科技大學出版社, 1993: 3.

[95] 盛昭瀚, 蔣德鵬. 演化經濟學 [M]. 上海: 三聯書店, 2002: 382-384.

[96] 汪濤. 競爭的演進: 從對抗的競爭到協作的競爭 [M]. 武漢: 武漢大學出版社, 2002: 50-52.

[97] 王磊, 梁樑, 盛錫雲. 基於產品替代度的分銷系統的均衡分析 [J]. 合肥工業大學學報 (自然科學版), 2006, 29 (7): 911-915.

[98] 王正波, 劉偉. 合作促銷的微分博弈模型及均衡比較分析 [J]. 商業經濟與管理, 2004 (12): 36-39.

[99] 王永平, 孟衛東. 供應鏈企業協作競爭機制的演化博弈分析 [J]. 管理工程學報, 2004, 18 (2): 96-98.

[100] 王國才, 王希鳳. 行銷渠道 [M]. 北京: 清華大學出版社, 2007: 6.

[101] 田厚平, 郭亞軍, 楊耀東. 分銷系統中多委託人及委

託人可能協作的委託代理問題 [J]. 系統管理學報, 2004, 13 (4): 361-366.

[102] 田厚平, 郭亞軍, 向來生. 分銷系統中代理人可能合謀的委託代理問題研究 [J]. 管理工程學報, 2005, 19 (2): 125-129.

[103] 田厚平, 郭亞軍, 劉長賢. 分銷系統中的多主多從 Stackelberg 主從對策問題研究 [J]. 管理工程學報, 2005, 19 (4): 74-78.

[104] 田豔. 對中間商激勵問題研究 [J]. 對外經貿, 2006 (6): 76-78.

[105] 肖條軍. 博弈論及其應用 [M]. 上海: 三聯書店, 2004.

[106] 謝識予. 經濟博弈論 (第三版) [M]. 上海: 復旦大學出版社, 2007.

[107] 袁嘉祖, 張穎, 童豔. 經濟控制論基礎及其應用 [M]. 北京: 高等教育出版社, 2004: 12.

[108] 易斯 E·布恩, 大衛 L·庫爾茨. 當代市場行銷學 (11 版) [M]. 趙銀德, 等譯. 北京: 機械工業出版社, 2005.

[109] 葉明海, 張麗萍. 基於演化博弈的汽車渠道企業協作優化方法 [J]. 哈爾濱工業大學學報 (社會科學版), 2006, 8 (2): 124-127.

[110] 莊貴軍. 中國企業的行銷渠道行為研究 [M]. 北京: 北京大學出版社, 2007.

[111] 朱·弗登博格, 讓·梯若爾. 博弈論 [M]. 黃濤, 等譯. 北京: 中國人民大學出版社, 2002.

[112] 張維迎. 博弈論與信息經經濟學 [M]. 上海: 三聯書店, 1996.

[113] 張繼焦, 葛存山, 帥建淮. 分銷鏈管理 [M]. 北京:

中國物價出版社, 2002: 5.

[114] 張庚淼, 陳寶勝, 陳金賢. 行銷渠道整合研究 [J]. 西安交通大學學報（社會科學版）2002, 22 (4): 45-48.

[115] 張永強. 博弈行銷: 企業成長的共生力 [M]. 北京: 首都經濟貿易大學出版社, 2005: 9.

[116] 張廣玲, 鄔金濤. 分銷渠道管理 [M]. 武漢: 武漢大學出版社, 2005.

[117] 張庶萍, 張世英. 基於微分對策的供應鏈協作廣告決策研究 [J]. 控制與決策, 2006, 21 (2): 153-157.

[118] 丁川, 王開弘. 基於多時期的分銷渠道成員長期性努力補償激勵機制研究 [J]. 系統管理學報, 2009, 18 (2): 158-164.

[119] 王開弘, 丁川. 基於進化博弈理論的分銷渠道合作分析研究 [J]. 華東經濟與管理, 2010, 24 (10): 126-130.

後 記

該書定稿的前一天，奧利弗·哈特（Oliver Hart）和霍姆斯特羅姆（Bengt Holmstrom）對契約理論的貢獻獲得了2016年諾貝爾經濟學獎。非常榮幸的是，我在2004年看到了霍姆斯特姆（Holmstrom）和米爾格羅姆（milgrom）在1987年發表的一篇論文，從此便開始用他們的理論去研究渠道協作問題，也取得了一定的成果。

丁　川

國家圖書館出版品預行編目（CIP）資料

管道協作機制研究：基於博弈論的研究方法 / 丁川 著. -- 第一版.
-- 臺北市：崧博出版：財經錢線文化發行, 2019.05
　面；　公分
POD版

ISBN 978-957-735-858-5(平裝)

1.企業管理 2.博奕論 3.行銷通路

494　　　　　　　　　　　　　　108006582

書　　名：管道協作機制研究：基於博弈論的研究方法
作　　者：丁川 著
發 行 人：黃振庭
出 版 者：崧博出版事業有限公司
發 行 者：財經錢線文化事業有限公司
E - m a i l：sonbookservice@gmail.com
粉　絲　頁：　　　　　　網　址：
地　　址：台北市中正區重慶南路一段六十一號八樓 815 室
8F.-815, No.61, Sec. 1, Chongqing S. Rd., Zhongzheng Dist., Taipei City 100, Taiwan (R.O.C.)
電　　話：(02)2370-3310　傳　真：(02) 2370-3210
總 經 銷：紅螞蟻圖書有限公司
地　　址：台北市內湖區舊宗路二段 121 巷 19 號
電　　話:02-2795-3656 傳真 :02-2795-4100　　網址：
印　　刷：京峯彩色印刷有限公司（京峰數位）

　　本書版權為西南財經大學出版社所有授權崧博出版事業股份有限公司獨家發行電子書及繁體書繁體字版。若有其他相關權利及授權需求請與本公司聯繫。

定　　價：500元
發行日期：2019 年 05 月第一版
◎ 本書以 POD 印製發行